启真馆 出品

ANTHROPOLOGICAL STUDIES IN CHINA

人类学研究 第十四卷

庄孔韶 阮云星 名誉主编

梁永佳 主编

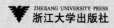

ZHEJIANG UNIVERSITY PRESS
浙江大学出版社

目录

专题：中国的新人类学

专题主编：汲喆、梁永佳

编 者 按：

本专题"中国的新人类学"，曾以英语或法语形式发表在巴黎笛卡尔大学主办的期刊 *Cargo. Revue Internationale d'Anthropologie Culturelle & Sociale*（第八期[2018]，第7–194页）上，原题为 "The new Chinese anthropology / La nouvelle anthropologie chinoise"。感谢专辑作者对中文的翻译和发表授权。其中，两篇文章未能收入。

导言：迈向中国的新人类学

汲　喆　梁永佳

1994年，美国学者顾定国（Gregory Guldin）出版了《中国人类学逸史》（*The Saga of Anthropology in China:From Malinowski to Moscow to Mao*），这是第一部有关中国人类学史的西文著作。作者根据他自己在中国的经历，并以人类学家梁钊韬（1916—1987）的生平为主线，考察了这一学科在20世纪中国复杂的政治变迁中的坎坷历程。事实上，正是在梁钊韬的努力下，1981年教育部批准他任教的广州中山大学恢复了已停办三十年的人类学系——这是人类学自1952年被作为"资产阶级伪科学"取消后，在中国的大学中首个复办的人类学系。① 顾定国注意到，人类学传入中国后不久，就成为国家建设的工具，最终成为一种"爱国的"人类学。此书甫一问世，即引起了英国人类学家王斯福的注意。他在书评中（Feuchtwang, 1995）开门见山地提出了这样一个问题：存在一个"中国人类学"吗？（Is there a "Chinese anthropology"？）王斯福并没有给我们清晰的答案。不过，他似乎认为"爱国的人类学"并不足以全面概括中国人类学。他一方面认同顾定国的看法，指出由官方协调的团队协作以及人类学对少数民族的研究和历史学研究的合流，应该算是中国人类学的独特之处。同时，他也提醒读者，应该注意到海外华人学者的工作。中国人类学家的看法稍有不同。1980年，中国人类学的奠基人费孝通教授（1910—2005）在接受美国应用人类学会马林诺夫斯基纪念奖时，指出1949年以后的中国人类学是一种"迈向人民的人类学"，重点是少数民族研究。中国人类学不再"为了了解而了解"，而是为社会建设服务，与政治和被研究者构成良好互动，并因此形成了对调查结果的强烈责任感（Fei, 1980）。

---

① 体质人类学作为生物学的分支得以保留，对中国境内少数民族的研究则以"民族学"的形态存续。

有一个"中国人类学"吗？二十多年后，当我们重新提出这一问题时，中国人类学的状况已经发生了巨大的变化。事实上，在顾定国所经历的 1980 年代到 1990 年代初，人类学尚未完全走出历史的阴影。虽然已经出现了一些新的作品，但学术与社会影响都很微弱，人类学本身在高等教育领域仍处在极为边缘、鲜为人知的境地（王建民等，1998）。这也是王斯福提醒读者应该注意海外华人学者的工作的原因。人类学在中国真正的大发展是在 1990 年代中期以后。根据周大鸣与刘朝晖（2003）的总结，1990 年代以后，人类学在中国的兴盛主要表现在以下几个方面：第一，经过十几年的努力，由重建的大学体系培养出来的年轻一代的人类学家逐步成为成熟的学者，开始在学术领域活跃起来；留学国外的人类学家也开始学成回国，这使中国人类学与当代西方人类学的交流得以重新开始。第二，在社会科学与自然科学全面复兴的背景下，中国人类学出现了科际整合的开阔取向，包括经济学、地理学等原来与人类学交流不多的学科都成了人类学的新的合作领域。第三，相较于 1980 年代，有关人类学的学术会议和交流活动大幅增加。其中，由国家教委组织、北京大学主办的社会人类学高级研讨班从 1995 年起连续举办了数届，成为国内外学者、国内不同机构学者以及不同代际学者交流的重要平台（例如，萨林斯、王斯福、斯特拉森[Marilyn Strathern]，以及缅甸专家莱曼[F. K. Lehman]、东帝汶专家希金斯[David Hicks]、李亦园、乔健、金光亿等，曾担任这一研讨班的讲员）。第四，人类学知识不仅能够继续为国家的经济开发政策服务，而且开始进入到人们的日常生活中，影响到中国人的自我理解和认知方式。例如，人类学对宗族和民间仪式的研究，有助于一些传统的社会组织与集体实践摆脱多年来的污名化。正因如此，甚至有学者认为 1990 年代中期是当代中国人类学黄金时代的开端（杨圣敏，2008：6）。

到 21 世纪初，得益于 1992 年重新启动的市场改革和对外开放政策形成的政治、经济与学术空间，中国的人类学不仅在国内学术与教育领域赢得了尊重，而且重新成为全球人类学共同体的一员（Harrell，2001；Liu，2003）。但也是从这时，中国人类学家们开始系统地反思中国人类学的建构中的问题与发展方向（如费孝通，2000a）。费孝通晚年提出了"文化自觉"的观点。他主张人应该对自身所处的文化有"自知之明"，了解它的来龙去脉和基本特色。他还说，不仅中国人需要"文化自觉"，而且"'文化自觉'指的又是生活在不同文化中的人，在对自身文化有'自知之明'的基础上，了解其他文化及其与自身文化的关系"（费孝通，2000b：13）。这一观点发轫于费孝通1990年提出的"各美其美、美人之美、美美与共、天下大同"的主张，又贯穿于他晚年的众多论述，并在方法论上有着系统的呈现（费孝通，2003）。对人类学来说，"文化自觉"有着认识论上的创建：多数人类学家通过认识别人来认识自己，而"文化自觉"则提出了反向认识的意义，即通过不断认识自己来认识别人。费孝通多次论述道，"文化自觉"来自他对少数民族社会的调查心得，也得益于儒家的某些经典概念——"推己及人""将心比心"，以及由此产生的"己所不欲，勿施于人"的研究伦理。这恰好呼应了费孝通在《迈向人民的人类学》中提出的观点：通过对少数民族的调查，中国人类学家产生了对调查结果的强烈责任感。

　　大陆人类学家的反思与1980年代到1990年代肇端于香港和台湾地区的社会学与人类学界、大陆学者也持续参与的"本土化"讨论有一定的联系。二者都认可并强调中国社会与文化的特殊性，但是二者的立场与着力方向很不相同。人类学的"本土化"（有时也被称为"中国化"）讨论由在英美受到训练的海外中国人类学者最先发起，在一定程度上，是对华人学者在西方学术界的边缘地位以及世界范围内中国研究在人类学中的边缘地位的双重反拨。因此，其主旨是以学术的民族主义反对西方人类学的霸权。这种讨论往往在中西二元对立的话语脉络中展开。所谓"本土化"，通常是指不再将中国田野看作是应用和修补西方理论的空间，而试图在中国研究中生产出只有在这一田野中才能生产出的概念和理论。[①]

　　然而，2000年前后，以王铭铭为代表的学者对中国人类学发展道路的反思，感兴趣的主要不是国际学术场域的权力关系，而是人类学知识生产的可能性。这种反思并不认为要建构一种人类学的"中国话语"，以便（假想的）中西对峙中的中国学者摆脱劣势。相反，这种观点认为，中国人类学本来就由研究中国的中西学者共同拥有。正如2007年在一次有关本土化的讨论中，王铭铭根据理查德·法尔顿（Fardon，1990）的观点所指出的那样（徐新建、王铭铭、周大鸣等，2008；另参见王铭铭，2008a；2008b），并没有一个作为中国人类学的对立面的统一的西方人类学。人类学的知识传统从来都是复数的和地区性的，因此，对人类

----

① 有关这一议题的各种观点，可参见徐杰舜主编的论文集（2001）以及Dirlik, Li and Yen（2012）。对"本土化"所蕴含的意识形态想象的批评，见赵旭东（2003）。

学的批评只能从地方的传统开始。就中国人类学而言，其建设只能从对这一传统的自我批评出发，把对有关中国的研究的地方性知识的探索，看作是生产出有关世界的一般性知识的契机。

事实上，在这次讨论的两年前，也就是2005年，王铭铭发表了题为《二十五年来中国的人类学研究：成就与问题》的文章，此后又在一系列作品中阐述了他对于发展中国人类学的总体看法（如王铭铭，2011；Wang，2010，2011，2012，2014；Feuchtwang，Rowlands and Wang，2010）。他对于当代中国人类学的批评主要涉及以下几个方面（王铭铭，2005）：第一，人类学家对于中国内地汉人的乡民社会、处在边疆地区的少数民族社会，以及海外华人或非华人社会的研究都有了很大进展；但是，对于这三类社会之间的关系体系却没有系统的研究。第二，对于亲属制度、宗教与仪式、比较政治、经济文化等人类学的基本议题的研究都取得了很大成就，但是也出现了只关注现实政治经济变化的倾向而缺乏对历史维度的深入调查，使民族志流于表面。第三，学术论述的时态上出现了简单化倾向。一些学者陷入"传统"与"现代"时间二分法，不断论证乡民社会的"城市化""国家化""公民化"和"全球化"；也有人将自己的论述纳入"后现代主义"的时间观，不顾既有的学科知识积累，一味解构传统、求新求异。对此，他提出，应当以"天下"的视角，将不同地理范围的民族志贯穿起来进行综合分析；应当注重汉学中的历史研究，并重新诠释具有民族志意义的历史文本，使之与当下进行关联；此外，还应当促进汉人研究中（注重历史的）南方宗族研究和（注重现实的）北方社区研究之间的相互借鉴，并努力打破汉族研究与少数民族研究长期存在的隔阂。

在我们看来，正是以王铭铭为代表的人类学家们的这种反省，预示了一种新的中国人类学的可能性。这种新人类学雄心勃勃，力图化解Brigitte Baptandier（2001）所说那种人类学与中国的矛盾——基于部落和小共同体研究的传统人类学难以把握幅员辽阔、人群多样、历史悠久、有高度结构化的国家的"中国"这个政治—文明体。实际上，弗里德曼在半个世纪前就已经提出了这个命题。他的《社会人类学的中国时代》（Freedman，1963）号召人类学能够通过对中国的研究，实现从简单社会研究向"文明"社会研究的转向。他也意识到了葛兰言和莫斯对解决这个问题的意义，这是今天的中国人类学家非常重视这两位法国学者的原因之一。

以王铭铭的研究为代表的新人类学要在空间和时间两个维度上拓展。在空间上，不仅要推动跨区域、跨民族、跨国家的综合研究，而且要把区域、民族、国家之间的关系明确确立为人类学的研究对象。在时间上，把历史资料和历史学研究纳入到民族志的上下文中加以开发，使中国人类学重新历史化。经由这种努力，这种新人类学旨在将中国研究从地方个案的积累，转化成对中国文明的整体性分析。显然，为了实现这一目标，它不仅要求跨学科合作（特别是与历史学、社会学的合作），还要求对人类学自身各种学术传统的继承、批判与综合。中国的人类学本来就有不同的源头——这包括不同时期由不同学术团体和政治力量引介到中国的、法国的、英美的、德国的和苏联的学术传统，包括20世纪上半叶中国学者的理论和经验遗产，也包括新中国成立后的学术机构和实践积累的观点与素材，当然还包括1980年代以来中国大陆形成的各种学派，当代港台学者以及海外"中国研究"领域所取得的成果。此外，还要加上中国古代具有人类学意义的种种叙事与观念。彭轲（Pieke，2004：71）在评介1990年代中国的人类学时曾经批评道，当时在中国"人类学不应被称为一个学科，而应该被视为一个关键词灵活地用在几个不同的话语共同体中间"。然而，如果能把相关的学术共同体及其成果联系起来的话，这种混杂状态也许正是中国人类学的某种优势。

简言之，这种新人类学把"中国"以及研究中国的种种传统重新问题化了。和目前我们在西方人类学中经常看到的那种不断细化题材分类的工作方式不同，当代中国人类学展现出了一种恢宏的气象。与其说它力图扩展研究的领域，不如说它在尝试锻造一种新的认识论。这项宏伟的学科重塑计划无疑需要众多学者参与，长期的人力和资源的投入。评价这一计划的成果还为时过早。不过，1980年代以来，特别是过去十几年中，中国人类学家们在这一方向上已经取得的成绩值得我们关注（尽管他们并非都自觉地参与或赞成这一计划）。当然，在他们业已发表的作品中，有时我们仍能看到民族主义的急迫心态。但也正因如此，对话更显得必要。正如Baptandier（2010）在讨论到中国人类学的研究和教学时所强调的那样，人类学在理论的学习与田野知识的获得之外首先是一种柏拉图意义上的"助产术"（maieutics）。这涉及不同事实之间与不同观点之间的对峙与比较，也涉及不同代际和不同背景的学者之间的交流与争论。在最近的一部著作中，夏洛特·布拉克曼和王斯福（Bruckermann and Feuchtwang，2016）也再次发出了让中国研究与人类学理论对话，以使二者共同受益的号召。显然，从了解中国人类学家的工作开始这种对话，是一个恰当的选择。我们无法预设对话的成果，我们可以期待的是在其中"看到未曾预料的东西出来"（see an unexpected object arise）（Baptandier，2010：233）。

在一定意义上，本专辑呼应了这种对话的号召。同时，它也是*Cargo*期刊推动的人类学国际化的长期计划的一部分。最近，当代中国人类学似乎引起了西方，特别是英语人类学界的特殊兴趣，一系列评论性文章得以发表（如Liang，2016；Chen，2017；Song，2017；Malighetti and Yang，2017）。但是，据我们所知，对于中国人类学的新的研究主题、研究方法和理论态度的较为全面的介绍还付之阙如。为此，我们专门邀请了中国一批人类学的中坚力量，就他们所擅长的领域的最新进展做出综合的呈现与批评。鉴于这份专辑主要针对的是不能阅读中文的西方读者，我们在此仅限于介绍那些由中国学者用中文发表的作品，西文（无论作者是否为华人）的作品都未予涉及。正如本期标题所揭示的那样，我们关注的是中国的新人类学，而不是有关中国的人类学（anthropology of China）。

首先，张亚辉为我们介绍了历史人类学的发展。他总结了最为重要的几部著作，认为中国的历史人类学围绕着两大主题展开：现代化与文明的起源。许卢峰与汲喆的文章进一步分析了当代中国历史人类学与法国学术思想，特别是历史学和社会学的年鉴学派的关系。事实上，后者为中国学者关于"文明的人类学"的构想提供了关键性的理论启发。阿嘎佐诗的文章回顾了人类学对"民族"的研究，认为这一概念在塑造当代中国和中国人类学中都有着核心意义。她首先考察了1950年代以来这一领域的兴起，以及随后的制度化。之后，她分析了三个研究领域：民族地区的民族志研究、围绕费孝通"多元一体格局"的讨论、近年有关民族政策的争论。陈波的研究则告诉我们，中国人类学家对于海外社会的研究虽然是一个崭新的领域，但是这个领域其实拥有宝贵的历史遗产，包括民国时期学者的研究，也包括现代人类学进入中国之前的海外民族志记录。陈波全面介绍了这一领域学者们的不同进路以及一些主要推动机构的概况。王婧则根据她的参与、观察和一些具体实例，分析了"非物质文化遗产"概念在中国的政治诠释及其对于中国人类学的研究与教学的影响。这篇文章与前述文章一道，使我们再次确认，人类学和人类学的研究对象一样，本身也是社会、历史、政治与文化的产物。①在这份专辑中，我们还有幸请来王铭铭教授对本卷的文章做出回应。"后记"不仅有针对性地对宗教、民族、海外研究等议题一一点评，而且深入地讨论了专辑文章中未能充分分析的一些重大问题，为我们理解中国人类学的广度、深度、复杂性和可能性提供了难得的洞见。

最后，我们要感谢弗朗西斯·阿费尔冈（Francis Affergan）教授和埃尔旺·迪昂泰伊（Erwan Dianteill）教授，没有他们的支持，这一专辑不可能面世。他们并不（或尚未）研究中国，但是他们对不同传统的开放态度促使我们勇于尝试更新法国人类学与中国人类学之间的关系。我们期待，如王铭铭教授在其"后记"中所指出的那样，复数人类学（anthropologies）之间的交流能使这门学科的伦理价值得到进一步的确认。

参考文献

费孝通，2000a，《重建社会学与人类学的回顾和体会》，《中国社会科学》1：37-51。

费孝通，2000b，《文化自觉，和而不同》，《民俗研究》3：5-14。

费孝通，2003，《试谈扩展社会学的传统界限》，《北京大学学报》（哲学与社会科学版）40（3）：5-16。

费孝通，2004，《论人类学与文化自觉》，北京：华夏出版社。

王建民、张海洋、胡鸿保，1998，《中国民族学史》（下），昆明：云南教育出版社。

王铭铭，2005，《二十五年来中国的人类学研究：成就与问题》，《江西社会科学》12：7-13。

王铭铭，2008a，《中间圈——"藏彝走廊"与人类学的再构思》，北京：社会科学文献出版社。

王铭铭，2008b，《从"当地知识"到"世界思想"》，《西北民族研究》4：60-82。

王铭铭，2011，《人类学讲义稿》，北京：世界图书出版公司。

徐杰舜编，2001，《本土化：人类学的大趋势》，南宁：广西民族出版社。

徐新建、王铭铭、周大鸣等，2008，《人类学的中国话语——第六届人类学高级论坛圆桌会议纪实》，《广西民族大学学报》（哲学社会科学版），30（2）：86-93。

杨圣敏，2008，"前言"，载杨圣敏、良警宇编《中国人类学民族学学科建设百年文选》，

---

① 本专辑未收入。

北京：知识产权出版社。

赵旭东，2003，《反思本土文化建构》，北京：北京大学出版社。

周大鸣、刘朝晖，2003，《中国人类学世纪回眸》，载周大鸣编《21世纪人类学》，北京：
民族出版社。

Baptandier, Brigitte, 2001, "En guise d'introduction: Chine et anthropologie." in Baptandier B. (dir.), "Chiner la Chine", *Ateliers d'anthropologie*, 24: 9–27.

Baptandier, Brigitte, 2010, "La Chine, vue d'un point de vue anthropologique." in Guiheux G., Colin S. & Spicq D. (dir.), "*Étudier et enseigner* la Chine", *Études Chinoises*, Hors série: 219–234.

Bruckermann, Charlotte & Feuchtwang Stephan, 2016, *The Anthropology of China: China as Ethnographic and Theoretical Critique*. London, Imperial College Press.

Chen, Gang, 2017, "The General State of Anthropology in China and its Future Outlook." *Asian Anthropology*, 16/3: 219–227.

Dirlik, Arif, Li Guannan & Yen Hsiao-pei (eds.), 2012, *Sociology and Anthropology in Twentieth Century China: Between Universalism and Indigenism*. Hong Kong, Chinese University Press.

Fardon, Richard (ed.), 1990, *Localizing Strategies: Regional Traditions of Ethnographic Writing*. Edinburgh, Scottish Academic Press/Washington, Smithsonian Institution Press.

Fei, Xiaotong, 1980, "Toward a People's Anthropology." *Human Organization*, 39/2: 115–120.

Feuchtwang, Stephan, 1995, "Is there a 'Chinese Anthropology'? "*Times Literary Supplement* [online]. Published on June 02. URL: https: //www.the-tls.co.uk/articles/private/is-there-a-chinese-anthropology/.

Feuchtwang, Stephan, Rowlands Michael & Wang Mingming, 2010, "Some Chinese Directions in Anthropology." *Anthropological Quarterly* 83/4: 897–925.

Freedman, Maurice, 1963, "A Chinese Phase in Social Anthropology." *The British Journal of Sociology* 14/1: 1–19.

Guldin, Gregory, 1994, *The Saga of Anthropology in China: From Malinowski to Moscow to Mao*. Armonk, New York, M.E. Sharpe.

Harrell, Steven, 2001, "The Anthropology of Reform and the Reform of Anthropology:

Anthropological Narratives of Recovery and Progress in China." *Annual Review of Anthropology* 30/1：39–61.

Liang，Hongling，2016，"Chinese Anthropology and Its Domestication Projects：Dewesternisation，Bentuhua and Overseas Ethnography." *Social Anthropology* 24/4：462–475.

Liu，Mingxin，2003，"A Historical Overview on Anthropology in China." *Anthropologist* 5/4：217–223.

Malighetti，Roberto & Yang Shengmin，2017，"The Contributions of Chinese Anthropology：A Conversation between Roberto Malighetti and Yang Shengmin." *ANUAC* 6/1：301–317.

Pieke，Frank N.，2004，"Beyond Orthodoxy：Social and Cultural Anthropology in the People's Republic of China." in Bremen J. van，Ben-Ari E. & Alatas F. S.（eds.），*Asian Anthropology*，London，Routledge：59–79.

Song，Ping，2017，"Anthropology in China Today." *Asian Anthropology* 16/3：228–241.

Wang Mingming，2010，"The Intermediate Circle：Anthropological Research of Minzu and the History of Civilization." *Chinese Sociology and Anthropology* 42/4：62–77.

Wang Mingming，2011，"Le Renversement du Ciel. De l'Empire devenu une Nation et de la pertinence de la compréhension réciproque pour la Chine." in Le Pichon A. & Moussa S.（dir.），*Le Renversement du Ciel*. Paris，CNRS：469–482.

Wang Mingming，2012，"Southeast and Southwest：Searching for the Link between 'Academic Regions'." in Dirlik A.（ed.），*Sociology and Anthropology in Twentieth-Century China*. Hong Kong，Chinese University of Hong Kong Press：161–190.

Wang Mingming，2014，"To Learn from the Ancestors or to Borrow from the Foreigners：China's Self-identity as A Modern Civilisation." *Critique of Anthropology* 34/4：397–409.

（作者单位：汲喆，法国国立东方语言文化学院；

梁永佳，浙江大学社会学系）

"老社会"与"新国家"：1980年代以来汉语历史人类学综述

张亚辉

导言

如果说社会科学的终极目标是要形成对当下世界的整全理解，那么，在人类学看来，这个所谓的"当下"就仿佛是一个搁置在三重幕布后面的模糊的烛火（请原谅我盗用了格尔茨的优美譬喻）。我们首先要掀开的第一重幕布是我们最擅长和热衷的部落社会研究，部落社会被视为人类自然状态的经验表达，或者某种会导致文明发生的草蛇灰线，抑或奇妙地兼具这两个智识功能，而对全部人类的存在有着根本性的启发；第二重幕布是历史的开始，从没有历史的部落社会进入到历史社会时具体发生了什么，这些原初性事件又如何界定了文明的总体形态与不同文明的不同特征；第三重幕布是现代性的发端，从传统社会向现代社会转型的过程中又发生了什么，这一转变如何被前面两重幕布浸染，并最终和当下相联——唯有这一重幕布和当下的关联真正基于时间和因果的连续性。人类学是因为对无历史社会的研究而成立的学科，它用一百多年的艰难跋涉不无狐疑地揭开了第一重幕布；但从一开始，这个学科就对那些已经进入历史的社会充满了好奇，并且怀着终有一日要将其揽入怀中的雄心，因此，后面两重幕布被称作历史人类学。这一图景当然有其虚假性，实际上，人类学和所有的社会科学学科一样，都是从第三重幕布出发同时指向当下研究和文明早期研究的，这两种指向分别提供了研究当下的绵密的时间线索与深远的文化背景。所不同的是，其他学科对部落社会兴味索然，而人类学家却趋之若鹜，并且不依不饶地强调这是理解所有历史的基础——不论这历史是自己的，还是其他什么人的。

  几乎所有的古代文明在近代历史过程中都面临着频繁的政权更迭带来的动荡与不安,这些政权又几乎无一例外地援引某一种西方现代政治学理念作为自己的合法性基础,从而与这些文明传统上的国家理念之间形成了鲜明的断裂感,同时也使得未曾如此自觉地走向现代性的"老社会"与"新国家"之间存在另外一种断裂感。这两种断裂感让中国的人类学家如此之紧张和失措,以至于完全混淆了作为人类自然状态研究的田野工作和作为当下研究的田野工作之间的差异,甚至几乎完全用后者代替了前者,从而使这两种断裂很快就扩展成为中国的普遍叙事。论题迅速向各个研究方向延伸开来,但总体上仍旧集中于两个方面:其一是对这两种断裂之意义的判断,以及是否有可能证否这两种断裂的存在;其二是中国在早期历史中所形成的格局能否穿透第三重幕布而构成对当下的言说。

  那些从事历史人类学研究的中国历史学家,很少直接处理历史发端阶段的问题,他们明里暗里地接受了法国年鉴学派史学的近现代史学研究思想,希望从政治史的宏大叙事之外去寻找民族与社会作为历史主体的可能性,以此作为衡量政治及政治史的依据。在这一点上,中国的历史学家与人类学家找到了共同的价值方向,中国过去三十年历史人类学的繁荣是两个学科的学者精诚合作的结果。有趣的是,中国两个专门培养历史人类学博士的机构都是在历史学的机构中设立的,它们分别是厦门大学历史系和中山大学的历史人类学研究中心,后者从2003年4月开始与香港科技大学华南研究中心联合出版《历史人类学学刊》(半年刊)。人类学家往往更多宣称自己从事的是历史人类学研究,却并没有获得所在机构的真正支持。

  不论中国过去三十年的历史人类学书写在多大程度上借鉴了西方的样本,它仍旧与后者存在着鲜明的差异,问题在于,不论社会状况与西方的某个历史时期有着怎样的相似性,西方历史都被认为是一个有着内在自洽性的发展模式,而这正是中国近代史所缺失的。中国的历史人类学希望通过细致的田野调查和比较文化分析,来缓解现代性的双重断裂所带来的焦虑,并不断寻找弥合这种断裂的知识方案。本文并不是对已有的历史人类学成果的索引和点评式的综述,而更多希望通过与西方历史人类学的比较分析,来探索中国过去三十年的历史人类学研究的基本问题意识的形成过程,及其社会文化和思想史的背景,推动这一发展中的研究方向的文化自觉与自我反思。

国家、社会、市场与绅士：近代史的人类学研究

中国近代史中的人类学研究与反思，肇始于燕京学派诸位先辈的研究，尤其是费孝通基于与西方经济史的比较所开创的乡土中国研究。过去三十年学科重建以来的问题意识仍旧直接或间接地与费孝通所提出的问题有关，所不同的是，民国时期的人类学如吴文藻、费孝通、李安宅、田汝康等的研究，更多地集中于对中国传统社会的状态居然仍旧在延续这一问题的批判，并希望能够通过知识分子的启蒙和国家政策的调整将其改造成一种更具现代性的模式。而新时期的人类学赋予了传统社会结构更多的诗意和理性，转而更多担忧现代性冲击下传统结构的转型和崩溃所带来的社会失范。这究竟应该看作是全球性的伤感主义和文化复振运动的中国版本，还是对一个强大的新国家的担忧，抑或两者兼而有之，并非本文能够穷究。首先提出这个问题的是英国人类学家弗里德曼，他从魏特夫关于中国南方"氏族家庭主义"（clan familism）的索解出发，基于林耀华的东南宗族研究与费孝通的江村研究之间的差异看到，中国东南的宗族组织状况与费孝通在江南地区看到的农村被世界贸易体系撕裂的情况很不一样，前者的宗族虽然也已经在近代史过程中趋于衰败，但社会内在的完整性仍旧依稀可见。弗里德曼将之归因于广东和福建的高产的稻作农业和发达的绅士系统（弗里德曼，2000：162-166）。这一看法与傅衣凌的东南经济史看法之间的鲜明的共通性极大地启发了在福建和广东从事研究的人类学家和历史学家。

郑振满是以厦门大学为中心的中国东南历史人类学研究的代表性人物，在著名历史学家傅衣凌的指导下，郑振满从1980年代中后期即开始集中关注闽北、闽南和台湾地区的民间宗族与宗教组织。在郑振满看来，唐宋变革之后，东南地区的基层社会组织发生了深刻的变化，世家大族的门阀制度解体，社会的流动性空前提高，士大夫意识到国家组织社会的能力已经急剧下降，希望通过礼下庶人的方式重建社会秩序，因此产生了一系列家礼、乡约等体系。但所有这些士大夫的主张都仍旧是基于传统等级社会的结构，无法完全适应民间社会的高流动性。因此，民间社会在借鉴士大夫的主张的同时，又自发地进行了调整，并在很大程度上挑战了士大夫的正统礼学观点。其中最为重要的两点就是大宗与小宗的区别

被逐渐放弃，以及嫡长子的祭祀特权被取消，郑振满将这一过程称作宗族制度的"庶民化"（郑振满，2009a：172）。明初以降，中央政府逐步收紧地方财政预算，到了清代，地方政府的行政能力已经完全不足以应付社会公共事务运行的复杂性，加之明代中叶以来施行的一条鞭法使宗族获得了主导地方公共事务的权力，宗族和民间宗教的寺庙成为一种"仪式化"的地方行政的公共空间，中国民间社会的自治能力和施展空间都得到了空前的发展（郑振满，2009b：245）。郑振满接受傅衣凌的意见，即中国的民间宗族组织既不是原始村落组织的延续，也不是乡民模仿士大夫和国家的结果，而是宋明以后国家授权的产物，是民间社会的历史变迁与士大夫的礼学主张及国家的政治权威的混合体，因此，民间社会的自治化是以国家内在于社会为前提的。民间宗族的发展经历了继承式宗族、依附式宗族和合同式宗族三种形态，前者被郑振满认为是一种自然的状态，而后两者的发展则是继承式宗族由科举制度和商业发展导致的内在分化之后的变形体。民间宗族组织在明代以后为了维系自身的存在开始每代提取公共族产，一方面用于年度的祭祀仪式开销，另一方面也用于支持族内青年子弟进学等公共开支，但大量的族产累积成客观的财富之后，就成为族人牟利的手段，因此也改变了区域社会经济的整体面貌（郑振满，2009b：48-49）。在宗族之上，由明初的里社制度发展成的民间神庙体系是一个更加庞大的地域组织，在祭典组织和仪式联盟的社会形态下，民间宗教成了公共事务、宗教、道德与经济的主导性力量，并在整个现代化过程中避免了社会崩解的危险。郑振满接受傅衣凌的学说，对弗里德曼的看法提出了三个方面的重要修正：一是宗族产生的时间，并不是由于汉人大规模移民到这一区域就产生了大量的现有宗族，宗族是由于海洋社会的开放和流动性的增强，国家、士大夫和区域社会因应这种变化的历史趋势而共谋的产物；二是宗族得以维系的原因并非是稻作农业的经济优势，而是与市场化进程及社会流动的增强之间有着密切的关系；三是宗族和民间宗教的发展是以国家内在于社会为基础的，而不是以对抗国家为目的的。这三点修正对于后来这个领域的历史人类学研究影响深远。在郑振满看来，东南的宗族组织是中国在面对世界贸易体系冲击时最为成功的适应与回应模式，其地方生活的政治经济功能和仪式诗学的完美整合对于反思近代的国家、社会与历史诸元素之间的断裂有着极强的学术意义。

中山大学的历史人类学研究中心成立于2001年3月，是中国历史人类学研的重镇。这个机构的几位主要学者最晚在1990年代初期就已经注意到了历史人类学的研究范式。陈春声教授在1992年出版了《市场机制与社会变迁：18世纪广东米价分析》一书，奠定了后来整个华南人类学研究的基本学术方向，在后来与香港史学界的系列合作中，这一基本立场虽然有所调整，但整体上并没有发生大的改变。陈春声利用计量史学的方法详细分析了18世纪广东米价波动的社会学原因，并得出结论说，这并非是市场自然波动的结果，而是沃尔夫所说的"贡赋经济"所依赖的政治和社会的传统结构与逐步发展的市场经济往复作用的后果。陈春声利用"内卷化"概念指出，市场经济的发展并没有超出社会自身所能吸纳的程度，因此也就无法在精神结构和社会运行机制上真正促成资本主义的发展（陈春声，2010：266-268）。在后续的研究中，陈春声和刘志伟两位教授一直坚持这一基本立场，即强调明代中叶之后的国家税收政策和士大夫的文化声望对地方社会的强烈影响，而市场因素和世界贸易体系的发展纵然是一个不能够忽视的力量，但仍旧不足以对传统的政治与社会结构构成挑战。刘志伟在较早的一部作品中谈到了明代中叶以后的国家赋税制度在广东落实的过程，其中一方面强调国家怎样通过调整对土地和人口的精确控制与掌握来实现治理的理性化，另一方面则是地方社会面对国家政策变迁所做出的相应反应，其中的矛盾被认为是来自国家的政策制定得理想化、片面化，与广东社会自身的独特性不相符合（刘志伟，1997：9）。明清两代朝廷在制定和推行税赋政策时所呈现出来的理性化特征更多地体现在了对广东社会组织形态的影响上，而终究和国际市场带来的理性化进程之间少有沟通的可能性。而国家与社会两者则在清代中叶实现了彼此的适应，达到了一种稳定的状态。在2010年发表的《贡赋、市场与物质生活———试论十八世纪美洲白银输入与中国社会变迁之关系》一文中，陈春声和刘志伟再次强调了这一看法（陈春声、刘志伟，2010），即美洲和欧洲白银的大量流入被迅速地吸纳进了一个庞大的贡赋系统，而没有如拉丁美洲的近代史那样极大地推动经济与社会变革。与此同时，他们亦十分强调地方社会文化的多样性，这种多样性并不会因为国家的政治力量和士大夫的文化与声望权威而被彻底转变成一种标准化的社会与文化形态，文化的地方性和多样性构成了与晚期帝国的政治和文化的对立、紧张关系，同时也在不同的时期各自形成了对国家和大一统的想象（科大卫、刘志伟，2008）。

　　王铭铭在1990年代中后期开始进入中国东南地区的历史人类学研究，并一直十分关注历史人类学的立场、方法和学科建设。在具体研究方面，《逝去的繁荣：一座老城的历史人类学考察》到目前为止仍旧是中国人类学的城市史研究中非常重要的一部作品。在这本书中，王铭铭根据英国社会学家吉登斯的国家理论，将泉州史分成了四个部分，即：移民与泉州经济区的形成时期，大概到10世纪为止；传统帝国时期，大致从10世纪持续到明代开国；绝对主义国家时期，主要指明清两代；民族—国家时期，即19世纪中后叶直到现在。本书的核心关注在于，传统帝国时代的泉州由于地处大陆世界的边陲和海洋世界的核心地带，在相对宽松的政治制度和意识形态管控下，海洋贸易十分发达，多元文化亦蓬勃发展。但到了明代开国以后，国家对海洋世界颇有忌惮，加上程朱理学逐渐成为国家的主导意识形态，泉州海洋贸易便逐步衰落，与此同时，原本丰富多元的文化形态亦逐步演变成正统的理学与民间宗教实践之间的对立、紧张关系。而在19世纪开始的近代民族—国家建设过程中，泉州再次成为等级式民族主义与平权式民族主义往复争夺的场域。王铭铭一方面借用杜赞奇的理论，希望能够从国家的宏大叙事中解释区域历史的多条脉络；另一方面也希望用泉州的海洋交通史来对话华勒斯坦的现代世界体系理论，即泉州虽然被卷入了海洋贸易史，但其社会形态的变化和经济贸易的兴衰都是更多受到本土国家意识形态变化的影响，而不是以西欧为中心的世界贸易体系冲击的结果。在华勒斯坦和沃尔夫看来，现代世界贸易体系兴起之前，确实存在很多大型的海洋贸易网络，但都是以帝国形态存在的，而且贸易货品都是以奢侈品为主，这些贸易网络的运行逻辑与16世纪以后形成的、以市场和大宗货物为核心的现代世界体系有着本质的区别，而中国最早也是在鸦片战争前后才被纳入华勒斯坦所描述的世界贸易体系的。在《溪村家族》一书中，王铭铭同样发现，国家对一体化和整齐化的追求在封建时代结束之后，再也不能很好地容纳乡村社会内在的复杂性与多样性，现代国家作为权力体系深入到乡村文化的每一个角落而又无法实现彻底的变革，溪村家族在与国家的周旋中不但保留了自己的仪式体系，同时也保留了自己作为社会政治经济组织的功能，并因此获得了一种历史主体性的地位，学者的社区史研究应该以理解这种主位的历史观为前提（王铭铭，2004）。

　　刘永华继承了郑振满教授的福建民间社会的历史人类学研究，在《明中叶至民国时期华南地区的族田和乡村社会——以闽西四保为中心》一文中，刘永华在郑振满所研究的福建族田提留的财产公共化的基础上，进一步描述了不同的共同体在族田发展的过程中逐步分化成地主和佃农的过程（刘永华，2005）。他在继续民间宗教实践研究的过程中发现，更具鲜明儒家特征的"礼生"构成了一个从上古以来连续的宗教角色，进而主张在这个意义上，作为知识传统的儒家在仪式实践中也具有"儒教"的一面。在《明清时期的神乐观与王朝礼仪——道教与王朝礼仪互动的一个侧面》（刘永华，2008）和《道教传统、士大夫文化与地方社会：宋明以来闽西四保邹公崇拜研究》（刘永华，2007）两篇文章中，刘永华一方面强调礼生的传统从《周礼》中的春官一直发展而来的历史连续性，另一方面也以宫廷史和社会史中的翔实材料说明了在明清之际，礼生及其所代表的儒家仪式系统在面对此前占据统治地位的道教仪式系统的胜利，尤其是在民间，儒教与道教在明代之后曾有一个复杂的文本叠加过程。在《小农家庭、土地开发与国际茶市（1838—1901）——晚清徽州婺源程家的个案分析》（刘永华，2015）一文中，刘永华重新评估了世界贸易体系与民间经济运行之间的关系，他认为，国际市场并没有造成小农经济的崩溃，而是为后者提供了增加收入的机会，与此同时，近代农户仍旧通过某种程度的内卷化与国际市场保持着一定的距离。

景军同样受到弗里德曼及其众多弟子的东南宗族研究的启发和影响，但他选择的研究对象在中国西北的甘肃省。他在《神堂记忆》一书中描述了甘肃大川孔家的祖先祭祀衰败和重建的历史过程，以此来呈现在官方记忆之外，甚至与官方记忆严重对立的地方宗族记忆的具体形态和政治重要性。孔家的祖先祭祀是一个同时关系到国家正典和地方宗族祭祀的有趣现象，而大川孔家作为一个远离曲阜的分支，在整个历史过程中的命运遭逢格外跌宕起伏。大川孔家的孔庙祭祀和家谱编纂都历史久远，这些历史以及孔子在传统中国史上尊崇无比的地位都让大川孔家人倍感荣耀。但在20世纪尤其是新中国成立之后，大川孔家在一系列的政治运动和经济建设中遭受冲击。1984年，祭祀孔子的仪式开始逐步恢复，1985年，曾经在历次运动中获得巨大权力的老书记被新的地方干部取代的事件是一个有真正意义的历史转折点。随后，一度被藏匿于地窖的传统族谱重见天日，新的修谱工作也随即展开，景军自己从美国带到大川的族谱也被纳入到了修谱工程当中，家谱的重修极大地重建了宗族归属感与认同感，成为社会重建的关键手段。

随后是大川和小川的孔庙的大规模重建，孔家人对孔庙的重建被景军看作是一种社会记忆的集中展演，因为在多难的近代史中，孔家人和孔庙共同经历了同样的命运。景军详细描述了他所见到的一次小川孔庙的庙会，他发现新建的孔庙一方面要小心回避过去几十年的苦难记忆中的各种风险，一方面要借鉴曲阜的祭孔方式，即不仅将新建的"大成殿"当作一个宗族祭祀空间，同时也要将其作为容纳外姓人的公共祭孔空间，其间，庙会的组织者还小心地维护着仪式的庄严，避免当地岁时仪式的巫术与混乱气氛的干扰。这种文化发明与社会记忆共同使得民间宗教和仪式体系活跃起来。景军认为，中国民间宗族的社会记忆虽然受到国家的改变，但始终会在社会的不断再生产过程中显示出自身的力量和诉求，这是社区能够存续和发展的重要基础。

关于近代史的历史人类学研究在大多数情况下都被简化为对国家与社会关系的研究，而通过上述分析可以发现，从一开始这样一种归纳就是不完全的，研究者已经注意到了士大夫、绅士以及世界贸易体系对于理解近代史进程的重要性。张小军认为，南宋以来的礼下庶人运动直接造成了"帝士共治"的格局，从而将士大夫从费孝通所说的对国家与社会的双重依附中解放出来，成为与国家和社会并立的第三个历史主体（张小军，2012）。当然，这三个历史主体在近代史中的作用和地位是各不相同的，张小军对于国家过度扩张自己的象征产权提出了尖锐的批评（张小军，2004）。张亚辉在对晋祠历史的研究中进一步认为，儒家知识分子和乡民社会都有着内在的封建性格，而与皇权的基于雨水巫术的大一统要求相对反，且皇权和乡民因为将丰产作为道德象征而与士人集团的理性化性格相对反（张亚辉，2014），这样一种三角关系不能被看作是张小军所说的"帝士共治"，而是中国历史的封建时代与皇权时代的结构叠加的产物。世界贸易体系带来的开放市场与基于土地的农业经济之间的关系也是这一系列研究中的要害所在，这不仅牵涉到对近代经济史过程的理解，而且也关系到对农村社会性质的判断。郑振满和刘永华认为闽北宗族是在明代以后的货币和人口的高流动背景下，凭借国家和士大夫提供的宗教与礼仪体系而形成的新社会形态；陈春声和刘志伟更倾向于将广东的宗族看作是在宋代以来的大规模移民背景下，国家与士大夫规范下的区域共同体；景军和王铭铭等更多强调区域社会作为有机体如何在国家和市场的不断干扰下保持了完整性；而比较极端的则如张佩国，他认为江南的农村根本上来说是通过村界、村籍等社会学边界得以维持的经济利益团体（张佩国，2002：299）。

巫师、王权与边界：在文明的起源处

关于中国文明的起源与性质问题，从民国以来就一直是学术研究的重镇。而新时期以来，人类学家和历史学家在田野调查中发现，中国社会一方面固然是近代史不断发展的产物，但在历史过程的背后，对早期文明的研究仍旧是理解和判断田野资料的重要依据，其中既包含了一种结构主义的洞见，也包含了对文明性质的界定。正是上古史的视野为历史人类学提供了理解近代史的文化框架和历史起点。所以，上古史研究本身也是对近代如革命史、东方学、现代世界体系及多民族国家建设的直接思考与回应。

1980年代以后，张光直根据殷商考古出土的材料及其与伊利亚德的萨满教研究成果的比较，最早以人类学的方式回应了从马克思到马克斯·韦伯，再到魏特夫一再论述的东方专制主义问题。张光直首先分析了《国语》中"绝地天通"的故事，认为这个故事表明对沟通天地神人的手段的控制是权力的基础，而处于权力顶端的帝王自身就是巫的领袖；接下来他又分析了商代器物上的各种动物纹样，在排除了图腾符号和装饰纹样的可能之后，张光直给出的解释是，这些动物都是萨满借以进行登天之旅的动物伙伴，他甚至还举出了萨满教研究中最为重要的文献《尼山萨满传》来证明萨满的出神之旅往往都是由动物陪同的。而进一步的证据在于，饕餮纹都是成对出现的，正符合商代王权制度本身的昭穆制和列维-斯特劳斯所发现的商代世界观的二元性，"当巫师为王室往来于两个世界之间时，必须兼顾到昭穆两组，因此，祭祀中的动物助理也自然要成双成对"（张光直，2002：65）。另外，从陶器上的家族徽章，到甲骨文和周代的金文，都被张光直认为是具有与祖先进行沟通的能力的符号，甚至占有知识本身就是沟通天地神人以及过去和未来的关键，而最早掌握知识的就是服务于帝王的巫师。通过这些证据，张光直指出，中国古代文明发端于政治权力的集中，而不是魏特夫所言的治水技术，正是帝王对通天的宗教手段的垄断使得政治权力得以集中，进而导致了财富的集中。张光直深受1960年代之后的美国文化人类学的影响，将萨满教的通天巫术作为中国文明起源的文化源头。本文无意评价这种看法是否恰当，而是要指出，张光直基于文化人类学的文明起源论极大地缓解了中国在种种学说的逼仄缝隙中不得转圜的尴尬。

同样受到美国文化人类学启发的还有王铭铭，他在大力推动翻译萨林斯的历史人类学作品的同时，也努力寻找着与萨林斯所说的作为文化图示的夏威夷罗诺神神话相对应的中国的世界图示，此即从商代开始到汉代得以完成的"天下"观念——以回应华勒斯坦的现代世界体系的去神圣化眼光对非西方世界的冷漠审视。王铭铭将"天下"的观念史区分成上古的殷周时代和帝国时代两个阶段。在第一个时代，王铭铭综合了葛兰言、苏秉琦和钱穆等人的观点，认为这时的中国总体上是一种多主制，源于乡村山川圣地的礼仪被宫廷化之后，成为区分华夏与蛮夷的关键指标，从王畿延伸出去的五服制度在周代成为一种固定化的、平面的世界图示，而从周代的贵族制度中衍生出来的"士人集团"不但是一种文明的生活样式的示范者和文明的担纲者，同时也是政治、宗教和法律的掌控者（王铭铭，2005：241）。王和士人的相互关系构成了一个从中央辐射到边缘地带的文明辉度，构成了宗教与道德叙事的核心内容。在经过一段生机勃勃的马基雅维利式的实利主义时代之后，中国进入了天下观念的第二个时代，多主制彻底被一种中央集权的政治和宗教体系所控制，封禅作为一种帝王专属的仪式系统，彻底压制和取代了此前的联盟政治下的地望崇拜，"士人"也从一种有着高度自主性的道德与知识的担纲者集团转变成了文人官僚集团。这个过程是在方士的推动下完成的。从此，天下定于一尊，华夏联盟内部的张力被消耗殆尽，但从周代继承而来的中心—边缘的声望等级使得帝王保持了与周边蛮夷政体的互惠关系。王铭铭意在以作为世界图示的"天下"作为萨林斯在波利尼西亚研究中通过神话与亲属制度而展现出来的"概念图示"或者"本土宇宙观"，与后者不同的是，"天下"是一个在历史与政治实践中意涵不断变迁的概念，其最初对应的是一个政治联盟体，而不是一个内部高度同质化的共同体。礼仪作为联盟的依据这一观点虽然历来被史学家重视和反复讲述，但如果不能对联盟何以可能的文化条件予以说明，天下就会成为一种社会学过程的表述，往往因为缺乏足够的稳定性和对内部多样性的涵盖而失去作为文化的根的作用。

在王铭铭的影响下，赵丙祥考察了丽江木氏土司家族从明代以来模仿封禅的历史过程。但赵丙祥所处理的问题不同于王铭铭之处是，赵丙祥并不追求以南诏王异牟寻和木氏土司的封禅之举来达成对边疆政体的整全把握，而是要看到从唐代以来，中原王朝的封禅礼和岳渎系统通过一个封建过程进入云南，并推进边疆文明化的历史进程背后的社会学机制。在这一过程中，木氏土司对家族命运和个人生命史的关注叠加在对皇权的模仿之上，成为主导云南岳渎体系兴衰的关键因素（赵丙祥，2008：256–257）。

与王铭铭那种"无处非中"的人类学眼光不同，王明珂延续了民国以来的边疆史研究方法，认为更有效的方式是在中国的边缘而非中央寻找它得以界定自身的依据。他以巴特（Fredrik Barth）的过程论为基础，对中国上古时期周边几个重要的边疆地带进行了研究（王明珂，2006），并且以四川西部的羌族的民族志调查来展现这一过程如何在现代国家的形塑中继续发挥作用（王明珂，2003）。在华夏的北部与西部边缘，曾经一度存在的都是农牧混合经营的社会，但从公元前两千年开始的一次气候干旱化，使得这些农牧混合人群内部发生了分化，在鄂尔多斯地区，整个区域的人都向北迁徙，同时变成了一个游牧的、内部更加平等的、由于劫掠农业社会的需求而高度武装化的人群。而在河湟地区，则是当地人口就地转变成了游牧人，干旱也同样影响到了辽河流域。至于羌人，则完全是由于华夏联盟从山西、河南一带开始向外扩张，将羌人一直向西挤压到了青藏高原的东部边缘。太伯奔吴的传说则从另外一个角度彰显了边疆族群对华夏的倾慕所导致的依附关系，从而使吴国的历史变成了一个当地族群上层主动选择变成华夏的过程。王明珂将华夏的北部和西部边缘的互补性分化过程归因于一次大规模干旱所导致的资源竞争，而将东南部的华夏化归因于对华夏文化的倾慕和东南族群内部的分化，这两种归因方式之间的差异并没有得到足够的说明。后者无疑与过程论人类学对分化动力学的分析相吻合，并且与前者的实用主义思想相互矛盾。

几乎同时在大理进行田野调查工作的梁永佳和连瑞枝都将分析的重点放在了大理区域文明的起源上。连瑞枝认为，洱海地区的部落联盟为了能够完成对王权的神圣化以及对社会的整合，将佛教的转轮圣王的观念结合进了土著神话中的沙壹与黄龙的神圣婚姻，将自己的祖先追溯到阿育王，并且利用观音菩萨化身梵僧授记于国王的神话赋予了国王崇高的神圣性（连瑞枝，2007：76）。梁永佳则关注了绕三灵的神话学背景，即细奴逻通过赢取张乐进求的女儿金姑而继承了南诏王的故事。梁永佳利用了萨林斯的"陌生人—王"的概念，认为细奴逻所代表的丰产力量通过与金姑的性关系而被引入到南诏社会内部(梁永佳,2009),是"陌生人—王"的社会学机制的体现,绕三灵仪式就是对这一神话的年度周期性的展演。连瑞枝和梁永佳都关注到了东南亚的佛教人类学研究成果对大理社会研究的启发意义,这对于一直以殷周之际的社会与思想来解释中国史的固有模式是一个十分有益的补充与尝试。

对于任何一个古代文明来说,文明发端阶段的历史与神话结构都是一个根本性的问题,中国人类学过去三十年关于这一问题的思考更多借鉴了考古学、神话学与思想史的成果,并与世界上其他文明、史前社会及当下的田野工作进行了细致的比较分析。这方面的研究表现出了与民国时期的学术思想紧密的继承关系与高度的连续性,一方面希望能够在人类的史前史状况中寻找中国文明得以产生的必然性,以及中国文明如何贡献于我们对人类文明普遍状况的思考;另一方面又希望在与其他文明,尤其是西方和近东的古代文明相区分的基础上,找到中国文明的独特性格的人类学依据,以此评估中国现代化过程中的得失,并反思和修正中国的现代性策略。在这两点上,张光直的工作都为后来的人类学研究奠定了坚实的基础。同时,从部落到上古文明史的过渡无疑并不能穷尽中古时代以来的文明主题。关于大理的系列研究,在佛教进入中国的社会学进程以及多元一体格局的思想格局方面所做的探索仍有待进一步深化。

结语

与中国一样,西方的历史人类学书写也有着多重起源,而且难以统一在一个边界清晰的话语体系之中,也同样激发了思想界的热情、狐疑和混乱。但总体来说,他们关心的问题仍旧可以归结成两个大的范畴:一是从部落社会向文明的过渡中的人类普遍状况,以及西方在其中的位置;二是现代性产生过程中的文化建构,以及这个过程在非西方的展演。看起来,中西的历史人类学关心的问题别无二致,可其中的焦虑却有天壤之别。大致说来,西方的历史人类学意识到自己的上古史乃至近代史的研究内在地是一种文化学,以及在埃文思-普里查德和华勒斯坦的影响下,承认非西方拥有自身的历史世界和历史意识。当欧洲靠着理性觉醒逃离了中世纪之后,很快就意识到这条理性之路同样是希望与危险并存,人类学的世界性比较眼光就是救助理性之危险的最有效工具之一，历史人类学就产生于对一个以西方自身的理性化为基础的现代性理论的反思与批判，因而十分强调象征作为一种塑造世界的根本性手段的重要性。而中国学者在这个过程中面临的问题是，我们怎样才能在一个被西方人支配的世界里有尊严地生活。在现代科学技术与市场领域所取得的成就，大部分不过是用来掩人耳目的自我安慰，中国人和其他非西方的大型文明一样，最终都选择依靠国家。所以，一个现代国家的客观化，到今天为止，仍旧是中国思想界的头等大事。就像当年托尼（Tawney）所言，从传统转入现代的中国所保留的唯一来自传统社会的遗产就是文化，而中国思想界关于建国问题的思考深深嵌入到了文化的逻辑里面。历史人类学就是对这一思想焦虑和知识方案的淋漓展现。

这个被思考的新国家一成立就带着东方学的出生证，它首先要能够抵抗和反思西方现代性的支配，并从这一难以摆脱的支配中获得某种不同于传统中国的现代性的姿态；其次要具备中国文明的遗传特征，至少被证明是中国文明在不断反思和扬弃自身时，内在生命在现代性中得以重生的必然产物。因此，中国的人类学在西方的历史断裂论和非西方的历史连续性之间建立了一个清晰的二元对立关系，乃至所有社会科学在获得一个"国家容器"之前，就已经选择栖身于"历史容器"之中。而所谓国家与社会关系这一主导历史人类学多年的研究范式，并不只是思考国家与社会的相互塑造问题，而是说在社会从传统时代延续到今天的时候，我们怎样塑造一个新国家的问题。中国历史人类学的成功和困境都出在这个问题上。

成功之处自不待言，其困境又当如何理解？以西敏斯、格尔茨和萨林斯为核心的美国的历史人类学几乎将全部精力都用在研究文化的非理性特征，在救助过度理性化的世界带来的矛盾与灾难的同时，也指出了现代国家的存在仍旧要以某些无法现代化的文化因素为基本前提。而中国人类学则几乎完全建立在对他者的一知半解和对自身历史的穷追不舍上，最终将历史学的学科宗旨当作自己的学科宗旨。我们唯一的他者就是现代西方，所有的人类学提供给我们的观察和理解世界的理论工具都被重新调整成为"眼光向西"的单筒望远镜——现代性的光芒如此耀眼，我们看不到这光芒背后的巫术的魅影。

一生将西方作为追赶对象的费孝通晚年要求中国的知识分子要有文化自觉，

并不只是要我们对自身的文化传统有切身的体会，同时也要意识到中国不应在追赶西方的过程中延续20世纪的世界政治传统，在理性化的竞赛中不惜代价，而是要在一个全新的世界图景中推动不同文化的理解和对话。这个全新的世界图景，或许就是一个所有文化互为他者、互为彼此的一部分的世界，一个作为"Culture of cultures"的世界。在这个意义上说，中国的历史人类学的学术使命之一就是坚持对"新国家"言说自己和他人的"老社会"和"老国家"。不论对国家、社会还是知识分子本身来说，这种言说都是体会和延续中国的文化生命的不二法门。

参考文献

陈春声，2010，《市场机制与社会变迁：18世纪广东米价分析》，北京：中国人民大学出版社。

陈春声、刘志伟，2010，《贡赋、市场与物质生活——试论十八世纪美洲白银输入与中国社会变迁之关系》，《清华大学学报》第5期。

弗里德曼，2000，《中国东南的宗族组织》，刘晓春译，上海：上海人民出版社。

科大卫、刘志伟，2008，《"标准化"还是"正统化"？——从民间信仰与礼仪看中国文化的大一统》，《历史人类学学刊》第六卷（第一、二期合刊）。

连瑞枝，2007，《隐藏的祖先：妙香国的传说和社会》，北京：生活·读书·新知三联书店。

梁永佳，2009，《"陌生人—王"在大理》，《中国人类学评论》第11辑，北京：世界图书出版公司。

刘永华，2005，《明中叶至民国时期华南地区的族田和乡村社会——以闽西四保为中心》，《中国经济史研究》第3期。

刘永华，2007，《道教传统、士大夫文化与地方社会：宋明以来闽西四保邹公崇拜研究》，《历史研究》第3期。

刘永华，2008，《明清时期的神乐观与王朝礼仪——道教与王朝礼仪互动的一个侧面》，《世界宗教研究》第3期。

刘永华，2015，《小农家庭、土地开发与国际茶市（1838—1901）——晚清徽州婺源程家的个案分析》，《近代史研究》第4期。

刘志伟，1997，《在国家与社会之间：明清广东里甲赋役制度研究》，广州：中山大学出版社。

王明珂，2003，《羌在汉藏之间：一个华夏边缘的历史人类学研究》，台北：联经出版公司。

王明珂，2006，《华夏边缘：历史记忆与族群认同》，北京：社会科学文献出版社。

王铭铭，2004，《溪村家族》，贵阳：贵州人民出版社。

王铭铭，2005，《西学"中国化"的历史困境》，桂林：广西师范大学出版社。

张光直，2002，《美术、神话与祭祀》，郭净译，沈阳：辽宁教育出版社。

张佩国，2002，《近代江南乡村地权的历史人类学研究》，上海：上海人民出版社。

张小军，2004，《象征地权与文化经济——福建阳村的历史地权个案研究》，《中国社会科学》第3期。

张小军，2012，《"文治复兴"与礼制变革》，《清华大学学报》第2期。

张亚辉，2014，《皇权、封建与丰产：晋祠诸神的历史、神话与隐喻的人类学研究》，《社会学研究》第1期。

赵丙祥，2008，《心有旁骛：历史人类学五论》，北京：民族出版社。

郑振满，2009a，《明清福建家族组织与社会变迁》，北京：中国人民大学出版社。

郑振满，2009b，《乡族与国家：多元视野中的闽台传统社会》，北京：生活·读书·新知三联书店。

（作者单位：厦门大学人类学与民族学系）

中国人类学域外研究综论^①

陈　波

中国域外人类学志书面临的议题

基于王铭铭（2005a，2006）、高丙中（2006，2009）、包智明（2015）等关于何谓"海外民族志"的界说，以及王建民（2013）、郝国强（2014）、周大鸣和龚霓（2018）等对既有研究的梳理，我们采用"域外"这个概念，并把"民族志"译为"人类学志书"。

"海外"是因近代西方自海上来而凸显的概念，它本身是对近代中国处境的一种回应，但远不是历史的全部与整体。相比之下，新兴的"域外"一词因没有类似的历史处境，且相对全面，涵盖海上与陆地两方面的联系。"民族志"是对英文ethnography的翻译，其词根ethno一词含有"种族"（race）、"人民"（people）等族性意义；因其中含有目前饱受争议的"民族"一词，使用这个概念有陷入重重难题之虞，一时难以澄清，亦舍而不用。我们进而把中国域外人类学志书理解为中国人类学学者以中国文字对域外的书写，带着中国意识、议题或关注，并从中国的角度进行解释。我们将以此为标准，对既有的研究进行评述。

对我们而言，中国域外人类学志书面临的问题是：若将之与他国人类学志书家对同一地方的人类学志书相比较，其"中国"二字如何成立？在何种意义上成立？学者们在人类学志书中是否提出中国式的问题或表现出中国式的问题意识，并提供中国式的答案？我们是否有一个可以称为"中国域外人类学志书"的学术

---

① 本文主体写成于2017年。此后有较多增删，遗憾的是未能及时跟踪2018年后的学术动态。

传统？如果有，当前的人类学域外志书可以放置于该传统的哪一历史点上？最后，我们有一个中国学派的人类学域外志书吗？

这些问题表明我们所说的"中国域外人类学志书"更关注志书的中国性。从学术史的角度来说，我们是被迫用中国的方式来重新定义欧洲—西学高度族性化的"China"和"Chinese"等概念。族性话语之一例便是从作者的出身来界定其人类学志书具有"中国性"，这显然不成立。域外人类学志书的作者出生于中国者多矣，但其笔下丝毫没有提出中国问题，更不用说提供中国答案；其著作甚至是用欧洲文字写成的，与中国文字无关，何得以名之曰"中国域外人类学志书"？因此，远者如李安宅、田汝康（Tian，1953）、许烺光（Hsu，1975），近者如项飙（Xiang，2007）、吴迪（2016）、邱昱（Qiu，2017，2018）等所著域外人类学志书凡是以英文写成的，其意指对象当然是英语读者，尤其是欧洲—西方的英语读者，尽管有的几乎不提中国文明与自己研究的关系，而有的则竭力在其中寻找理论资源（如吴迪），皆不属本文论述范围。①

相反，若是有外国学者的域外人类学著作达致上述要求，则属此列，如杨春宇曾梦想的（2014b：36）。因此，我们的理解是："中国"当是文化上的，而非出身的，因而是包容性的。

进一步说，中国域外人类学志书是源自历史传统的，而非基于后现代的；是宇宙观意义上的，而非此外的。它亦是源自历史脉络中的，而非绝世独创的；它既源于作者自身的文化及其历史，又源于所研究的他者的文化和历史，是自我—他者相互关系的产物。在过去数千年的历史进程之中，中国诸地之人相互之间以及与外部人之间所具有之交互往来关系，带着宇宙观的意蕴。这些关系中积淀、升华而出的诸多经验，形成了一个深厚的传统，近一个世纪以来中国诸多人类学

---

① 在海外以英文撰成的作品以中译本形式发表后，其意义需要重新考虑。如吴迪对中国人驻赞比亚的组织进行长期细致的实地研究，发现那里的劳工纠纷和争议，是出于双方嵌入在文化图式（cultural schema）—社会结构上的关系的不同："中方领导期待赞方下属对其献殷勤，而赞方工人期待中方老板对其照顾。"他称之为双方"嵌入在依附关系中的情触（affection）项指向性不一致"。当地人在"争取自己的权益时援引的是赞比亚当地的关于老板和工人关系的伦理"："老板应该照顾他的工人，在他们有麻烦的时候积极地给予帮助，好像一家人一样。"而中国打工者更关心的是"应该怎样处理领导和下属的关系"："工人不应该给领导添麻烦，更不能顶撞领导。"他认为"这种期待的不对称导致了中赞间交流上的误解并阻碍了中赞间社群性的发展"（吴迪，2016）。尽管这对理解中国有意义，但其视角与项飙等学者的视角分别并不太大。

家皆视而不见，加以抛弃；而西方人类学在学科上培养来自中国的学生时，教他们把人类学植根于西方学术的脉络之中，并不教他们把人类学奠基于中国诸文明本身，以使他们的人类学取向及著述附属于西方人类学。这在民国时期多少如此，此后则为中国人类学志书书写之一进路，以西方人类学遗产为中国未来人类学之希望；另一进路则着力于本土之深厚传统，衔接西学与本土学术，重塑中国人类学与中国。两个进路交互影响，形塑着中国人类学域外志书的书写。

中国域外人类学志书的深厚传统

始自夏商周诸代，中国各地之间、各地与域外相互交流、往来与认知，积累了相当的跨域相处经验。其中有关域外的记录早已充盈栋宇；其指导性原则为天下五服之制等；这些文本包括正统史书、宗教文本和私家撰述如旅行记等；涉及的区域远及西域、天竺、真腊和扶桑等。其中《山海经》记录异域风情甚夥，充满狂野的想象力。

在评述这些异域风情时，帝国之眼和他者兼具为上，如王铭铭在《西方作为他者》中所论（王铭铭，2007）（且不说《诗经》中的"他山之石"观影响之深远）。唐代僧人法藏曾取十面镜子，八方和上下各置一面，相距一丈左右；然后在中间安放一佛像，用蜡烛照亮。观者从镜子里看到的是"互影交光"。法藏本是为了让信佛者明了世间万象的本质非真，但从中国人类学的角度来看，其认识论上的寓意深刻：我们每多一个他者，就会看到自我的不同维度；他者越多，自我的维度显现越丰富；这些维度交相呼应，乃至"互影交光"。

以中国而论，则文献的载体不只汉文，亦有藏、蒙、满等文字，其作者有自己的对待他人之见和相应的书写异域的学术史。推至今日，这些文字的书写者在书写域外时有不一样的旨趣，中国域外人类学志书更加丰富。

我国近代因引入西方学问，学者试图从既有的文献传统中引出中国人类学的脉络。如严复译斯宾塞的《社会学研究》时，即从荀子的论述中得到启示，将"Sociology"译为"群学"；而李安宅在阐释《仪礼》与《礼记》时，即以"礼"为西方人类学所赖之"culture"。这表明，嵌刻在中国古代文献中的社会–文化资源是我们理解西方人类学的基础。

此外，中国文明中的"共主"观念，如汉文中的"天下共主"，藏文中的 ᠌ 或 ᠌（共同推举的领导者），蒙文中的Ejin，皆可为今日理解诸处共存共荣之历史与现实的思想资源。

这些遗产在不同时代的呈现方式各异（如乌·额·宝力格，2011），有延续、变异、转型和断裂，但总体格局不变。20世纪引入欧洲—西方人类学后，出现了新的变数。数千年的志书传统在引入异域观念和知识体系后，受到激励而有更新自不用说，一如往昔。此间的变数即在于欧洲—西方人类学有关中国的文化假定及世界观与中国人类学有关异域包括欧洲—西方的文化假定及世界观之间的差异，遭到不少学人的忽视；他们径直将前者置入中国域外志书，于无形之间替代了中国诸文明的宇宙观和彼此的相处经验，使得中国人类学徒具外表，并无"中国"的实质。譬如，英国人类学家弗里德曼即承继马林诺夫斯基与弗斯所倡导的对Chinese society进行研究这一传统，提出"社会人类学的中国时代"，并非针对整个英国社会人类学而言有一个中国时代，更不涉及中国人类学当如何振新，而是旨在指引英国人类学如何更好地研究他们界定的China（Freedman，1962；1963）。

欧洲—西方人类学为研究中国，培养了不少来自中国的子弟，教他们回乡如何更好地研究中国，以服务于欧洲—西方人类学的建构。如藏族学生当回归故国进行博士论文研究，而非在中国之外进行实地研究。国人间或有一两部著作在这个意义上得到欧洲—西方学者的青睐，遂在国内名声大振，但此事本身意蕴幽深曲折，在建构中国域外人类学时尤其值得反思。①

在中国大学就读的中国学生若要前往异域进行实地研究，则有别样困境：除个别例外，大部分人都没有延续数千年的志书传统的意识，尽管有少数人意识到志书要具有"中国"属性。如果不是从深厚传统中来，"中国"属性还能从哪里获得？非独当前，亦非只他们如此。1950年代以后，中国大陆的学生即是如此；此际人类学/民族学的域外研究主要涉及所谓的"跨界民族"及相关群体的海外联系（如田汝康）；他们的现实难处在于无法前往域外，只得依赖二手文献（颇似道光年间魏源著《海国图志》），他们的理论难处则在于需要在各个领域回应和运用理解尚不深入的欧洲马克思主义及其后苏联学者对此所做的演绎，更不用说

① 今日情形略有不同，如伦敦政治经济学院人类学系博士生刘丹枫即在其师石罕和瑟丽娜指导下前去研究南德意志。这需要两造都有异于往昔的思路。

深厚的志书传统已经成为他们眼中的负面遗产。

民国年间人类学者较好地继承了古昔志书传统，因而多少能改造欧洲—西方人类学；域外研究也有可称道之处。李安宅与吴泽霖即代表两种模式。他们的域外研究皆写于域外，与写于国内的作品不同。但1927年吴氏对美国族群歧视的研究几乎与前述中国志书传统无关；他论述中国人等东方人在美国生活，与美国制度并无根本冲突，社会问题反倒是因他们遭受美国政府排华和政策歧视等引起的，因而比黑人、犹太人的社会问题要轻得多（吴泽霖，1992）。我们只能在此些微地猜测他做此论的苦衷。这里既没有提出中国式问题，亦无中国式解答。项飙最近的研究颇类于此：正是在不需要中国议题和中国解答时，才有必要提出另类的路径，譬如"世界人类学"。

十年后，李安宅发表关于新墨西哥州祖尼人的研究，与吴氏迥然有别。他开篇即鲜明表露中国人类学家研究祖尼人的初衷，乃是自己"来自中国，渴望学习他人的智慧，以更好地教导自己的人民"，由此建立中国实地研究者与他者之间的关联。在后文的论述中，更是时时以自身文化为理解当地的比照对象和路径。

他在文中提出，美国人类学家由于自身的文化背景，误释祖尼人的宗教、领袖、规训和亲属关系—婚姻制度等。以亲属—婚姻制度为例。克罗伯曾说，一个男子修建房子后，若因其妻子公然不忠而发生纠纷并分开，他只得离开将房子留给妻子和他的后任，丝毫没有被剥夺所有物的感受。在休夫事件中，祖尼男人的男子汉气概踪迹全无。李安宅看到，"从西方文化的角度来看，这确实不同凡响"。不过，祖尼男子不用担心房子的问题，因为他总有地方可去：与妻或母方亲戚同住皆可，在这母系社会中，男子的结构性地位乃是父系社会男子地位的反面。他接着从自身文化背景来解释祖尼人的婚姻关系：

> 在汉人家庭里，妯娌们的典型地位，跟祖尼家庭中连襟们的典型地位惊人地相似。······汉人妻子嫁入丈夫家，即丈夫的父母家，而祖尼丈夫乃是嫁入妻子父母的家。······因此可与嫁入丈夫家庭的汉人妇女相比拟。······我们可以相信在中国女人有琐碎柔弱的品质，启示我们看到祖尼姐妹的连襟也有同样的困境，这困境甚至影响男女亲属的调整。美国妇女可能会纳闷，共夫的妻子们怎能相安无事，而中国人则看到某位祖尼妇女的前夫们友好相处，

同样会觉得奇怪。美国人的眼光似乎只注意到各种情感因素，而中国人一定会看到祖尼人是母系，从而生动地认识到，妇女是氏族传宗接代人，没有她们，氏族就会灭绝。（李安宅，2002：94；Li，1937：75-76）

中国人类学的深厚传统在李安宅的研究中异常显著，至为关键。该文指出，人类学家的文化背景是他们解释异域人群的根底，影响着他们的解释。也正是如此，李氏在文中把祖尼人视为现代西方意识形态和中国汉文化的他者，而这也是我们建设中国域外人类学志书时将之与西方人类学域外志书相区别的重要思想资源。[①]

吴氏和李氏的范型不过是中国人类学志书传统转型过程中的两个代表性实践而已。尽管它们并非以中国文字写成，但它们之对比关系在本世纪呈现为：一个路径为现代西方话语所笼罩，极大地无视深厚的传统；另一个路径则试图整合深厚传统与欧洲—西方传统。

当前域外志书的若干进路

自1990年代以来，中国人类学整合深厚的志书传统、民国时期的人类学实践与域外人类学诸个传统的努力，以北京大学较为显著。这一时期台湾人类学家乔健于1998年在北大倡议进行域外人类学研究，似是最早的。王铭铭教授在担任中央民族大学"985工程"中国当代民族问题战略研究哲学社会科学创新基地民族学人类学理论与方法研究中心主任期间组织的多个系列活动、编辑出版的《中国人类学评论》最能体现这一努力。稍后，北京大学在推动域外人类学研究方面着力较早、成果亦较多。中央民族大学踵其后，一度开设世界民族学人类学研究所，举办论坛与工作坊等。据杨春宇的统计，到2014年为止，已经有50多位学者在六大洲进行过实地研究（杨春宇，2014a）。

他们的志书研究在何种意义上是中国的？它们跟深厚的人类学遗产有何关联？以此为标准，当前域外人类学志书有两种模式，占据主导的一种并不将其智识活动与深厚传统中的历史的、认识论的、本体论的和宇宙观的维度关联起来，

① 毋庸讳言，他的这一研究对美国人类学影响颇大（Osgood，1963，1985；亦参陈波，2007，2010）。

因为这对他们来说毫无意义。这差不多是吴泽霖范式的呈现，区别只在于他们用中文书写，亦有少数作者提及中国观念的重要性，但并未在实地研究乃至作品中呈现出来。

另一类模式稍微边缘，并不占主导，但在上述议题上有更佳的理解，也是最有中国人类学希望的进路。这差不多是李安宅模式的呈现：有强烈的中国意识；但他们用中国文字书写。

早在2000年，王铭铭有关域外人类学的想法就在访问非洲通布图城时萌发（王铭铭，2018）。次年，他实施"西行计划"，前往法国圣安德烈山的"法国农村"（王铭铭，2019）进行实地研究，发现法国社会与中国汉人社会在村落公社体系方面惊人地相似。在他看来，法国山区之行之重要，在于提供一个视角去质疑问题重重的东西二元世界体系论及东西二元之间的相似与差异论，在于揭示中国建构民族—国家的焦虑是如何在历史中逐步形成的（王铭铭，2002：176）。梁永佳则以印度个案说明，印度作为中国的他者，在建构现代性时，把西方科学带入到传统的占星学实践之中（梁永佳，2008，2009，2013），他们并无我们的那种焦虑。

王铭铭认为，中国人类学志书的灵魂必须来自中国的深厚遗产。2007年他在与同行的对话中提出，中国人类学若要有世界性的贡献，必须建立在自身的人类学调查传统、关键的案例研究和关键概念如费孝通的差序格局上（徐新建、王铭铭、周大鸣等，2008）[①]，同时拓宽视野，"改掉将非西方当作为西方理论提供'证据'的'素材园地'的坏习惯"，"颠倒'科学'的既有主客关系，通过对域外社会进行'表述'，走上解释世界的道路"；有关自我—他者关系之见嵌刻在天下宇宙观之中（王铭铭，2019）。2004年，他从天下五服之制中提炼出三圈概念（王铭铭，2005）：第一圈研究乡民社会；第三圈研究海外社会，如丁宏对俄罗斯西北海岸涅涅茨人的访问（丁宏，2009），王铭铭对非洲地区的访问（王铭铭，2003）；第二圈研究前两者之间的地带，即少数民族社会（王铭铭，2005b：8）。这一学术宇宙观并非进化论或中心主义，而是以他者为中心，侧重关系维度和不同文明/文化之间的差异。不同的文化/文明互相依赖，形成多样的他者（王铭铭，2009）。

随后其他一些作者也认为中国观念是必要且不可避免的，尽管如何将这些观念

---

① 此后梁永佳亦持类似见地（梁永佳，2009）。

带入到实地研究当中，他们的观点远不明确。如张金岭强调要"用中国人的理念去研究世界社会与文化"，但他认为中国观点意味着中国学者在借鉴西方社会科学经验，"在知识的理解与应用层面上"将西方理念"中国化"之后，对西方社会科学的知识生产方式的转变进行研究（张金岭，2011a：63，60）。对杨春宇而言，汉语海外实地研究中的"中国性"只是一种附带性的，甚至是被迫的身份线索（杨春宇，2014b）。

中国学人在异域社会研究中如何弥合当前域外研究和深厚传统之间的裂缝？一个至为关键的路径是关注深厚传统中提出的既有问题、话题和概念。譬如就国家建构而言，我们应首先回到历史上的既有类似资源，如天下五服之制以及历史上相应的学术探讨，特别是不同的族群/民族在各异的朝贡情形下觐见皇帝这一天下共主的观念和实践；而近代的思想资源则有李安宅提供的现代的国家建构理论（区域分工，意即不同的区域有不同的劳动分工，他们在精神、工业和物资方面互补［李安宅，1944］），费孝通在1980年代末提出的对当代影响较大的中华民族多元一体概念（费孝通，1988）等。这些概念资源是讨论现代国家建构的好起点。尤其是当我们离乡愈远，愈加深刻地需要我们的历史遗产。

遗憾的是在这方面今日的实地研究者极少有深厚的学养。相反，他们与无视自身传统、力图向乡人扩散西方现代性的其他非西方/第三世界的人类学家们有更多相似性。或许正是在这些去除自我学术传统的作者们身上，我们才能观察到龚浩群所说的亚洲、非洲和欧美的学者之间（龚浩群，2014），或中国学者、非西方的对象国的本土学者和西方学者之间（马爱琳，2017）的知识三角关系。

梁永佳早在2009年就指出了龚浩群后来所说的"三角关系"的历史背景："东亚、南亚、东南亚的知识人和政治人，在20世纪甚至更早，不约而同地获得了一种自卑感，认为自己的技术和制度很'落后'，于是不遗余力地引入'西方先进思想'，并以之重新解释自己的历史与现实。"他认为这个过程对当地带来了非常深刻的影响和问题，特别是西学的问题、概念在各地社会科学界至今仍居宰制地位。但"那些生发于西方特殊历史与社会背景中的'理论'和'概念'，看似普遍、客观，却经常无法准确描述亚洲的现实。探索新的概念，已经成了许多亚洲学者的共识"（梁永佳，2009：19）。

在这种背景下回到我们的主题，康敏所说的才特别有意义："民族志者如何看待'自我'，将直接影响到她（他）与田野地点的人们的相互关系"，在关系性当中生发"更清醒的自我"意识，清楚地理解自己的"前理解"（即本文所说的深厚的学术传统），"才有可能通过自我与他者的人际互动创造自己，使自我更加丰富，更有价值"（康敏，2013：58-59，61）。

历史结构主义

王铭铭更多是以教学和发表文著来推动域外研究，弱于具体而实际的运作。来自不同院校的学生阅读他和其他学人的相关著述，回应他们的学术倡议，由此而形成不同的域外人类学进路。首先值得一提的一个，我们可以称之为历史结构主义。

历史上，中国与域外诸地有不同的联系，记录了各式各样的信息。这些记录是中国当代域外人类学者深刻地理解当地、有意义地解释他们的社会—文化的重要基石。在既有的出版物中，将历史与人类学志书、将域外社会与本土宇宙观、将不同国度的学术传统结合起来的典范，当数罗杨博士的《他邦的文明：柬埔寨吴哥的知识、王权与宗教生活》（2016）。这是一部主题集中、有"厚度"解释的异域志书。

早在2005年，她即在西雅图研究华盛顿大学人类学系的历史（罗杨，2008）；2011年前往柬埔寨吴哥古窟，延续她的异域研究。在此之前，她已积累了相当的相关阅读，发表了有关元代周达观《真腊风土记》的读书笔记（罗杨，2011）。其博士论文即奠基于周氏的著作，特别是以真腊（柬埔寨）为他者，并深度拓展，可谓当代《真腊风土记》。罗杨穷尽了域外既有的关于柬埔寨历史的研究。从其序言中，读者能自信地感受到她在这一领域的知识相当完备，有资格称中国唯一的专家。

她的理论实属历史结构主义，这是她在北大多年攻读的结果。她思考的议题是现代柬埔寨社会跟历史上的两股外来力量即印度教和佛教对接，并在村落生活中体现出来，实现历史的转型。她首先讨论周氏的著作，从中重新发现他的他者观（罗杨，2016b：21），转而梳理近现代的既有研究，譬如 Georges Cœdès，Gu Zhengmei，Ashley Thompson，Ang Choulean，Stanley Tambiah 等，以讨论佛教僧人和婆罗门阿加的处境，特别是他们在现代民族–国家中的相互关系，既有紧张和互相排斥，但也相互合作以为村民完成各种仪式。

14世纪时，佛教取代印度教；但今日二者依旧共存，通过专门的宗教操持者和普通村民进行互动。村民们则持有原初的本土文化逻辑，如母系继嗣，泛灵论，对祖先、土地和山的崇拜和二元宇宙观（罗杨，2016b：12-13，17，25）。

法国东方学家研究柬埔寨是为了实行殖民控制，传教士通过传教活动试图让这些"落后的野蛮人""文明化"，人类学家踵其后，若不能脱离类似的殖民话语和传教话语，否认当地的能动性和探索与包容他者的能力，就会将当地人抽入历史真空，好似他们历史上没有与外来者接触一般（罗杨，2016b：10-11，19）；即便人类学家确认当地人有过这种接触，有的亦会认为他们生活于印度文明和儒家文明的边缘而已，不认为他们有自己的中心主义观念。

罗杨博士将学术脉络追溯到13世纪蒙元时代的周达观那里，正在于避免这些进路。她认为，周氏著述呈现的是中间圈的存在：一端是华夏文明中心，另一端是天下极远之处。华夏文明中心需要吸纳土著物产以使自身完美，以成就文明之需，而所谓的"野蛮人"亦不能脱离华夏而存在。真腊也是自身诸文明的中心，有自己的规矩。他注意到真腊人曾把唐人视为佛，但他们看不起流落到真腊的唐人，因为他们不守当地规矩，违反当地风俗；真腊人把他们当作"野蛮人"（罗杨，2016b：20-21）。她在一篇短文中，以结构路径，明确地把自己的实地经验跟周达观所述联系起来（罗杨，2016a：215-218）。

总体来说，她用来解释这些村落的乃是基于四对关系的关系主义框架（罗杨，2013），而这一框架来自王铭铭（王铭铭，2011a）。

域外研究的连续性传统

另一个值得关注的人类学志书传统，是若干代学人持续关注一个域外群体，这即是胡振华、丁宏和李如东等延续的志书学脉：东干人研究。东干人是1870年代从陕西、甘肃迁往吉尔吉斯斯坦的回民。他们的研究与罗杨对柬埔寨的研究不同。罗杨追踪远古的志书，但中国学者对东干人的研究，始于当代学者胡振华；此后有丁宏和郝苏民等，他们必须创建一个学术脉络。李如东正是在他们之后延续了这一学脉。

丁宏是语言学家胡振华的学生。胡重点研究柯尔克孜族（国外同源民族汉译称为吉尔吉斯族），他是苏联时期第一个研究东干人的中国学者。丁氏是1990年代开始其东干人志书事业的，其主旨涉及国内的回族与东干人的联系，以及东干人西迁以后发生的社会转型，从而与回族区别开来（丁宏，1999）。他们的研究奠定了中国东干人研究的基石,推动了后辈学人前往中亚东干人中,以各种形式进行研究。

十多年后,丁宏的博士研究生李如东继续这一脉络,前往东干人中进行实地研究,时间超过一年。在此之前,他已经有过较为充分的阅读和理论准备,特别是对英文中相关文献的综述,使他对相关议题有一个较为宽广的视野;其研究框架更为精细,在实地挖掘的故事细节更多,关注点也转向社会对东干人观念的组织。社会对观念的组织这个概念是受到罗伯特·雷德菲尔德和弗里德里克·巴斯的影响而提出的,用以说明历史上东干人如何界定自己与苏联和中国故乡的关系,以使自己成为整个东干人最正宗的代表;也用来理解东干人内部不同群体如何互相争论谁能代表最正宗的东干人,以及他们在异域的吉尔吉斯斯坦生活时,如何对当地环境进行重新分类。(李如东,2016)

胡氏和丁氏都集中关注同一区域,但也将自己的研究拓展到了相关的课题和区域。在东干人研究之外,胡氏以研究柯尔克孜的史诗《玛纳斯》著称于世。2007年丁氏在俄罗斯访学期间,按照俄罗斯民族学的传统,参与该国民族学机构组织的涅涅茨人考察;涅涅茨人位于俄罗斯西北海岸。这一探险颇吸引人,带着典型的俄罗斯风格。此行为她的人类学研究开启了新的篇章(2009),后来她更提出"北极冻土带驯鹿文化"(丁宏,2011:36)概念,用以描述涅涅茨人的生活方式。这是一个颇为吸引人的概念,有待中国后辈学人在实地加以探索。

他们都是从实地研究跨界群体开始,走向更远的地方。

和他们类似的是台湾人类学者郭佩宜;她追寻先辈刘斌雄的足迹,详细地梳理过刘斌雄先生的亲属制度研究(2008),前往澳洲研究那里的岛国群体(郭佩宜,2008;2004;2002),尽管研究的议题已经千差万别,在自我身份的取向上也有不同,但仍有所获。

中国人类学域外研究亟须培育类似的长久关注某个域外群体的研究传统。将自己的研究议题和研究对象与过往的学术脉络建立联系,是中国域外人类学志书亟须解决的难题。

与中国-中国诸族群相关联的取向

第三个值得关注的取向,便是与中国-中国诸族群相关联的研究。

年轻一代志书作者前往异域进行实地研究的一个很好理由，便是当地与中国/中国之人相关：学人之所以要研究他国群体，乃是因为他们移居自中国。这也是建立中国异域人类学志书的内在脉络关联之途。

跨界群体是中国人类学目前较有潜力的一个议题。根据中国中央政府1950年代以后的民族识别工程，有30个民族跟境外他国的群体有族性文化方面的联系。实际上，当中国一侧的族群成员被识别为民族以后，有关跨界群体的研究就已开始。1980年代早期，学界就开始关注它们，中央民族学院还把它们列为研究生课程。2007年云南大学民族研究所制定海外（实际上是陆地联系）民族志研究计划，对与云南省接壤的异国群体进行研究（何明，2014）。学者在研究中注意到国界两边的群体有差异。

有不少学者在民族音乐学研究中侧重于跨界群体，诸如连接中国与朝鲜、泰国、缅甸和老挝的朝鲜族、傣族、布朗族等的研究（杨民康、王永健、宁颖，2017）。民族音乐学家杨民康用王铭铭的理论，根据历史上东南亚与中国西南的音乐联系，把东南亚划分为两圈：内圈主要是佛教音乐区，由缅甸、泰国、老挝、柬埔寨、中国云南等地相互影响的跨界群体组成，这一区更可以分为内部和外部；东南亚音乐的外圈包括印尼、马来西亚、新加坡和菲律宾，其特点是受伊斯兰教和基督教的影响（杨民康，2017；杨民康、王永健、宁颖，2017）。

民族音乐学家萧梅是蒙古族，就职于上海音乐学院。她曾沿着中国北方和西北的广大区域，追踪呼麦（Holin-Chor, Хөөмий 或 Mooden Chor）的分布区域，直到中亚和南亚。呼麦是一种音乐形式，唱呼麦的人（男子）通过自己的喉部发出多种声部，造成和声的效果。她的研究旁涉相似的音乐表达形式，如用一件乐器造成同样的和声效果（萧梅，2013；2014）。她在人类学理论上深受王铭铭的影响。2017年12月8日在北京大学的讲演中，她尝试将这一类音乐实践视作一种文明（civilization），即呼麦文明；它穿越若干族群，在较大区域流行，将这些群体勾连起来。"文明"这个概念正是因近十年来中国人类学引入莫斯的"文明"概念而传播开的。

2002年到2003年，我曾在拉萨郊区进行十三个月的实地研究，对那里的博巴（ བོད་པ ，传统上指生活在拉萨及附近区域的人）了解相对较多。但在文明的意义上，对数个世纪以来生活在尼泊尔喜马拉雅区域的藏语族群不熟悉。为了拓展知识，2007年在"亚洲学者"基金会的资助下，我前往尼泊尔洛域的洛巴人中进行实地研究。在这里我体会到王铭铭所说的中间性（王铭铭，2014）。我认为他们的根基是苯教，但他们的宗教实践沟通着南方的种姓制度和北方的藏传佛教体系。他们的实践具备交互连通性，将跨区域的诸种实践沟通起来，特别是他们的亲属制度实践（陈波，2009；2011）。之后，因西方的"Tibet"话语极大地影响了中国及中国之外的有关藏文化区域的现代解释和政治斗争，我开始从人类学的视角研究欧洲观念诸如"民族""帝国""王国"和"中国本部"等的文化/文明背景。我认为它们构成一个系统，这个系统或明或暗地发挥作用，以改变中国（Chen，2016）。这迫使我追寻欧洲历史上的这些概念，一直到当前的日常生活，为的是了解他们如何运用这些概念。

域外人类学研究空间上更远一点的是移居远方他国的中国之人。这也是学者们前往他处进行域外研究的理由。如1983年春人类学学者陈祥水对纽约Flushing的华人（oversea Chinese）进行的研究，揭示了唐人街社区从历史上的单身者社会（bachelor society）为有室有家的新移民所取代，并融入社区其他邻居人群如朝鲜人、拉丁美洲人、印度人、希腊人等的过程，尽管他用英文写作，但可作为类似研究的重要参考（Chen，1992）。贺霆研究中医在法国的实践，在文化接触的视角中探讨一些中间性的实践形式（贺霆，2007）；他特别强调"中医在他国的形态，并不完全代表中国文化，而更是当地居民根据自己的需要、自己的习惯对中国文化及中医的解读"（贺霆，2006：91；2014），"'西方社会的中医'是指西方人根据中医传统，经过当地文化的解读而形成的'中医'"，而"通过人类学实地调查，描述传入西方社会的中医的形态、历史、演变，揭示其文化模式，为中医药对外交流与合作提供支撑；并以此反观自我，为中国本土中医发展提供参照"（2013：83）。张金岭在里昂对法国人眼中的中国进行研究后亦有类似观察（张金岭，2008）。曹南来前往法国研究温州商人移民，以揭示基督教信仰支撑和形塑了他们的域外人生（曹南来，2016a；2016b）。刘朝晖追踪福建邱姓宗族迁往马来西亚的后嗣，发现在海外汉人与祖籍国对他们的期待之间存在着关联与断裂的两面特征（刘朝晖，2009a；2009b）。即便罗杨也曾关注柬埔寨的华人（罗杨，2013）。李安山曾出版一部专著，涉及非洲的华侨史，上至唐以前的时代，下至1999年，侧重于他们在当地的生活以及他们与中国的关系（李安山，2000）。徐薇研究博茨瓦纳，也曾关注华人在非洲的困境，并对解决这些困境提出了一些设想（徐薇，2014）。

彝族学者阿嘎佐诗2007年获得博士学位。她的博士论文把新加坡视为东西交汇点来研究，考察新加坡从一个渔村转变为一个民族—国家的历程，特别侧重传统的发明。她是通过该国莱佛士酒店博物馆的展陈来说明的。（阿嘎佐诗，2007）

根据以上简述，我们发现中国域外人类学志书的地图，与王铭铭所说的三圈稍有不同，它是由四圈构成的：（1）跨界族群研究；（2）研究中国周边国家的诸社会（亦参郝国强，2014：59-61）；（3）研究前两者之外的跟中国之人有关联的诸社会（可以用文化结构并接的方式来研究）；（4）前三者之外的其他诸社会（可以在比较的意义上进行研究）。

第一圈的研究者有台湾学者如黄树民等（对台湾学人的相关研究的综述，参王建民，2013），郝国强（老挝的佬族、苗族），马翀炜、张振伟、张雨龙（缅甸、泰国的阿卡人/哈尼人，2011；2013），高志英、段红云（缅甸傈僳族，2012），何林（缅北怒人，2013），侯兴华、张国儒（泰国傈僳族，2013），袁同凯（老挝蓝靛瑶人，2009a；2009b；2011；2014），郑宇、曾静（越南赫蒙族，2013）和褚建芳（2011）等。第二圈如罗杨、吴晓黎（印度，2009；2015），龚浩群（泰国，2009），康敏（马来西亚，2009），台湾学者如郭佩宜、童元昭等对南岛族群的研究（参王建民，2013：24-26）等。第三圈如李亦园（1966，马来西亚的汉人）、黄倩玉（马来西亚、越南南部、美国华人社群），梅慧玉（印尼华人），郑一省（印尼坤甸华人，2012），吴晓萍、何彪（老挝和美国的苗族，2005），玉时阶（美国和越南的瑶族，2010；2011；2013），段颖（缅甸曼德勒华人，2012），黎相宜、周敏（美国洛杉矶海南籍越南华人，2013），李静玮（加德满都泰美尔旅游区集市因房东、本国商户、包含中国商户在内的外国商户和游客的差异性构成而导致的复杂的民族互嵌和族性多样性，2016；2018），庄晨燕、李阳（对坦桑尼亚华商与当地社会日常互动的研究，2017），周大鸣（德国柏林华人移民，2012；可以比对俞明宝的更早的深入研究，见Yue，2000）等。第四圈如乔健对北美土著拿瓦侯的沙画与中国藏族的曼荼罗的比较（乔健，2004；Chiao，1971；2010）；麻国庆对日本与中国的家进行比较研究（1992）；李晶从日本仙台秋保町农协的"地方性知识"看其对中国农村建设的借鉴意义（2011）；彭雪芳对加拿大土著人的教育进行考察，与她此前的彝族、藏族教育研究显然有对比关系（2002；2006；2009；2012）；周建新对爱尔兰边境小镇朗纳斯的研究跟他此前的中国西南跨界族群研究亦紧密有关（2002；2007；2008；2009）；徐新建比较英国与清朝在国名和旗帜等符号象征方面互相误解对方的情形（徐新建，2012：71-72）；李荣荣在研究加州悠然城时，亦尝试在复杂的社会历史背景之中将美国出现的无家可归者现象与中国并没有出现这种情形进行比较（李荣荣，2013：113）。[1]当然有的研究完全看不出这种比较意识，如尚文鹏对波士顿在家教育者的研究（2017）。

人类学中的民俗学派

最后我们要涉及一个域外人类学志书学派：民俗学派。这个学派旨在从民俗学出发，学习人类学以改造之，特点之一是植入现代性。2001年，北京大学人类学研究室高丙中教授开启海外民族志研究项目。高氏毕业于北京师范大学民俗学专业，他后来的许多学生着手研究民俗学设定的议题，包括有着民俗学训练背景的学生（龚浩群，2009）。他倡导研究海外，提出"到海外去"（高丙中，2006）的口号，本是模仿自1910年代中国民俗学先辈提出来的口号，即"到民间去"。[2]这些民俗学口号暗含的前提其实是一脉相承的现代性诉求：为了救中国，到民间去；为了改变中国，到海外去。高氏从国家社科基金和外国获得了充裕的资金资助，推动大量的学生在2002年后前往海外进行实地研究（高丙中，2009）。他的努力一度为蒙古族学者包智明教授在中央民族大学时所延续。包氏并非人类学者，亦非民族学者，而是社会学者，只是担任世界民族学人类学研究所所长时，职责所在，故做相关论述（包智明，2015）。这一学派主导着中国大陆人类学域外志书的产出。到2012年为止，他们已经出版了6部志书。

这一派的学者有着强烈的现代性心性。他们为了设定的中国现代性建构，主要侧重描述西方现代性展布于世界各地后的社会—文化后果，以从中获得可能的启迪。他们把现代性视为历史的必然结果，是一种应然的、"先进的"社会进化阶段，并由此现代性理念去当地判定其他的政治和社会形式。

其中的许多学者有着强烈的探索公民—国家关系的现代性心态，所涉及的国家有泰国、印度、法国、美国、澳大利亚等；他们追随高丙中教授的认知，即中

---

① 李荣荣主张的"个体化"进路与康敏所主张的"整体性"进路（宋霞，2014）明显形成对立。
② 有关的研究参吴星云，2004。

国的未来应当着眼于导向公民—社会的建构：在社会中创建面对国家的个体公民。先行假定他人在国家建构中的独特经验会有益于中国的未来（亦参郝国强，2014），这是一个难题重重而未经证实的先行假定，即欧洲—西方的公民身份和个体主义模式具有普世性，是世界各国应然的未来。由此，这一派的域外人类学志书的最终目标是将欧洲—西方的霸权置入中国人类学志书的分析概念。

这一派中发表不少作品的学者有吴晓黎（在印度从事实地研究）、龚浩群（泰国）、康敏（马来西亚）、张金岭（法国）、李荣荣（美国）、杨春宇（澳大利亚）、周歆红（德国）和马强（俄罗斯）等。他们涉及不同的域外社会，为这一学派的志书图谱做出了不菲的贡献。

即便高氏本人，亦在2002年未能践行实地研究之后，最终在2007年前往美国进行为期两周的"预调查"：他在威斯康星州的一个小镇从事民俗调查（高丙中，2008）。他未曾想在美国民俗中寻求另类性或他者，因此现代性就被理解为西方理念及其实践。不过，他主要的学术贡献，依旧是在中国国内进行的民俗学研究。他的域外民俗学志书尽管成果有限，但与国内的民俗学研究部分交织。

我们多少可以说这一学派形成了中国域外人类学志书的民俗学派，其民俗学取向与人类学取向明显混杂在一起。如张青仁于2014年至2015年间在墨西哥从事实地研究，其关注点正是这一学派现代性—民俗学—人类学志书混合取向的例子（张青仁，2016；2017）。其他的例子如龚浩群关注泰国的节日体系，展现其作为现代民族国家的连续性历史时间观（龚浩群，2005）；马强对俄罗斯复活节以及民族国家日历的关注（马强，2016b；2017），甚至他对达恰（即俄罗斯城里人在乡村的份地及别墅）的研究亦可见民俗学的视角（马强，2011b）；张金岭亦关注过法国的"时间实践习俗"（张金岭，2011b）；康敏将其域外志书命名为《"习以为常"之蔽——一个马来村庄日常生活的民族志》（2009），更是彰显民俗学取向与志书的内在关联。此外，不无重要的是，这一派中的学者，在学习、研究和著述中，有一个与民俗学脱离的转型过程。既要保持民俗学的取向，同时又要有人类学的诉求，这一张力不仅是个人的学术过程，也是学派内部普遍性的范型转换过程。此处限于篇幅与主旨，不细加分析。

该派学者尚有一个强烈的心性，即他们是中国人类学者前往所在国从事实地研究的第一人；有时甚至不区分学科，是第一位前往当地的中国学者。马强自述

2007年时高丙中教授对他讲的一番话：

> 在西门外的社会学人类学研究所里，高老师对我说，俄罗斯是中国最具
> 对比性的国家，而中国人还并没有真正了解俄罗斯，这是海外民族志的使
> 命，俄罗斯经验研究大有可为。
>
> 高老师的计划让我热血沸腾，从那时起，"到俄罗斯去做主体民族的田野调查，
> 写一本关于俄罗斯的海外民族志"成为以后十年的奋斗目标。（马强，2016a）

在他们的域外志书的事业之路上，这种自我感受强有力地推动着他们。

我们在这一学派学者的著述中发现，域外人类学志书与中国深厚的志书传统之间的隔膜甚深，一如在西方国度接受教育的学生所书写的人类学志书。似乎对他们而言，志书作者的文化—历史背景，在他们的概念框架中和实地研究过程中是无关的。因此，在学术脉络上，当前不少域外人类学志书的研究跟中国并没有多大关系，非但如此，他们的写作更像是在域外学术群中进行对话，与本土无关——除了用汉语书写；我们基于研究议题而将这些作品纳入时，发现它们与翻译自欧洲—西方作者的著述已无多大的分别。

如何从中国视角出发，在他者那里发现多样、繁复的"他性"，而不是像格尔茨批评的"在别人那里去寻觅自己家里的真理"，是当前中国人类学域外志书面临的一大挑战；不只是民俗学派的学者，所有域外志书的从业者都得面对这一挑战：不仅现在如是，将来依然如是。

重塑中国的多样性与他者

近来，一位曾从事"跨界民族"国内一侧民族研究的学者亦前往他国的类似群体中进行实地研究。而随着中国人类学志书的扩展，地处中国西北的新疆大学的学者前往土耳其的土著人中进行实地考察；最近青海民族大学和中央民族大学亦开启项目，对喜马拉雅地带的藏系族群进行研究，包括尼泊尔、不丹和印度等，作为海外华侨研究项目的一部分。瓦桑特库马尔（Vasantkumar）曾在夏河实地研究，他接触的一位当地普通人是到尼泊尔数十年后回归的；这名回归者把自

己在尼泊尔生的孩子称为"真正的华侨"（Vasantkumar，2012）。2014年中央民族大学丁宏教授主持的一个项目就整合了这些具有差异性的称呼，把流散中的少数族群如藏、苗、瑶、回、维吾尔等都归入"华侨"范畴（丁宏、李如东、郝时远，2015）。同一年苏发祥教授亦参与推动学生去研究尼泊尔境内跟藏族有关系的族群。才贝毕业于中央民族大学，就职于青海民族大学，2016年时与两名藏族同事一道前往尼泊尔进行为期一个月的实地研究。他们基于传说、实地访谈和藏文文献，关注诸如他们的旅行经历，佛教铜像的建造和流传，有关加德满都大佛塔区大佛塔和藏传佛教徒社区布达纳斯的叙事等。他们关注的显然稍有不同。

扎洛博士就职于中国社会科学院。他在研究喜马拉雅地带之前，曾经对家乡青海特别是部落进行过深入的研究，也涉足过藏族史；他在《清代西藏与布鲁克巴》中侧重锡金、不丹和尼泊尔的廓尔喀之间的多国关系，这与他此前的研究相当不同，视角更具综合性，且从国家的视角来审视历史事件和历史材料。他还呈现了另一个维度，即从天下宇宙观和天下心态来审视清乾隆朝晚期（1789—1795）中国与尼泊尔、锡金和不丹之间的边界划分（扎洛，2012）。

一名藏族人类学志书作者或许会去研究异国与藏系族群无关的群体，她或他可能因此而以中国方式处理与藏族有关的议题。当一名藏族学者离开中国前往异国进行实地研究时，她或他关注的东西不仅是与其民族文化背景相关的事实，与个人性格、个人经历或人生史相关的事实，而且也会关注那些与中国有关的事实。当她看到一块告示板上用中文写着"中国女人最漂亮，我爱中国女人"并拍下一张照片以作留念时，她显然将自己认同为"中国女人"的一员。他们的志书报告反映了国家的视角和他们自己的民族文化背景。

2008—2009年陕西师范大学马强博士在马来西亚的穆斯林华侨中进行实地研究。他尝试把中国概念"华"带入这一领域，提出"华穆"概念，指的是具有马来西亚国籍但属于华人、在中华文化和中国文明中成长起来的穆斯林；他认为"华穆"是"华侨"的一部分。他显然将"回族"放在"Chinese"这个范畴之中（马强，2011a：28）。

我们在中亚也同样发现了对"中国"的新理解以及多重的自我与他者。丁宏博士在当地人中进行实地研究时习惯地称自己是东干，这在吉尔吉斯斯坦是官方确定的一个民族；但当一所吉尔吉斯斯坦的大学的校长把她当作东干的一分子，并赋予这一符号更有利的价值，甚于"中国人"时，此举激起她的中国人身份意识。对她来说，国家身份即中国人的身份是第一位的、首要的身份，此后才是各个民族的身份（丁宏，2009：203）。

不过，在中国域外人类学志书的话语当中，一直有一个把"中国人"当作同质化民族的压力。比如，徐薇在一篇文章中说"中国人是一个对食物从不挑剔的民族"（徐薇，2014：87）。我们得记住：她曾经在南宁和北京的民族大学求学多年，即便如此，她依旧无视自己所生活的这些大学里乃至全国的多民族共处、文化多样性的现实。似乎汉族学者更容易、更经常犯这样的错误。举凡涉及某某人的"民族性格"（钟鸣，2013：65）这样的话语，便是特别值得我们警惕的地方。若是看看周歆红所述西方如德国学者塑造的本质主义的Chinesen并对其"国民性"所做的批评（周歆红，2008：32），或者如梁永佳避免使用"中国文化"这样的全称同质性概念（梁永佳，2009：20），我们或许在这方面能更多一些自觉意识。

总结性评论

目前的中国域外人类学志书有若干不利的特征。首先，大多数实地研究的语言是用英语进行的。云南大学民族学研究所原主任何明在研究计划中确认这是海外实地研究的一个缺点，但并没有提出任何修正的措施（何明，2014）。亦如康敏所批评的："利用其语言优势在对象国获取一手资料的历史、政治、经济和社会文化方面的研究则很少。"（康敏，2010：35）从方法论来说，中国域外人类学志书所冒的险乃是回到前马林诺夫斯基时代的实地研究，依赖于中间人的口译或笔译，对这个过程中丢失的信息一无所知，最终失去文化洞识，得到的只是干巴巴的信息。这也是1950年代以来一直困扰中国民族学的，只不过国内民族学在研究少数群体时的实地研究语言是汉语。

其次，绝大多数研究较为单薄，不厚；主要是志书系统地忽视某个地方的四对复杂关系，此即王铭铭所阐释的内外关系、上下（等级）关系、前后（历史性）关系和左右（当地社会不同组成部分之间的）关系（王铭铭，2011a）。[1] 结果

---

[1] 吴晓黎在反思基于印度的实地研究，以及杨春宇在反思基于澳大利亚的实地研究时，朴素地提出"边界"，来解释他们的实地困惑。参见吴晓黎，2009：22；杨春宇，2014b。

便是中国域外人类学志书出现去圜局化（the de-contextual orientation），没能在圜局之中理解其所研究的对象。

如历史的几个维度都遭到忽视。首先，志书作者出于各种理由，无视中国之人前往当地、书写当地的历史，即中国学者对某个域外地方的学术脉络。最重要的一个理由便是出于学科的歧视，以那些书写者不是人类学家，他们书写的内容不是志书为由不加考虑。杨春宇在反思澳大利亚实地研究时，引用王蒙和汪宁生访问澳大利亚后所写的感言，已属难得（杨春宇，2014b：39）。其次，在大多数情况下，志书作者对所运用的概念及其历史未加深入辨析，不值得读者关注。最后，志书作者认为当地的历史无关紧要而忽视之，给人的印象好似当地人根本没有历史那般。我把这看作是中国域外人类学志书中的去祖运动。

实地研究者把所研究的对象所在的国家本身，想当然地视为是同质的，在字里行间给人的印象是全国没有多样性，没有族群差异、宗教或信仰差异、语言或方言差异等等。加上去祖运动和去圜局化，导致志书所呈现的异域社会出现部落化（tribalization）的景观，它们就好似马林诺夫斯基所呈现的太平洋岛国上的原始野蛮人：没有历史，没有等级，没有文明，没有中央集权的政治结构；在某些意义上，他们甚至是没有精神性生活的。

再者，由机构安排而进行的域外研究，跟不基于机构计划而进行的域外研究之间的对立，目前在中国大陆相当明显。机构运作在塑造域外研究中起着宰制性的作用，而非机构性的域外研究者只能通过边缘性的方式获得资助，进行学术探索。

最后，但并非最不重要的是，绝大多数志书作者高度缺乏异域研究训练背景。她或他可能长期关注某个国内议题，只是不期然地转向域外研究。我们可以见到她或他只是突然在自己的履历中加入一项若干月乃至若干周的域外研究经历，这一转变太过突然，且与此前此后的学术经历都没有任何内在关联，也不知道是何原因。绝大多数研究者没有相应的在域外进行实地研究方面的基本训练。更让人震惊的是这样的学术背景案例：她或他在本科阶段时学的是物理学，随后的硕士阶段读的是社会工作专业，毕业论文写的是汶川地震中的社会服务；好不容易到博士阶段攻读人类学，博士论文做的却是体育运动或服饰研究；博士毕业后，出于人际关系的原因，开始从事博士后研究，题目是情感人类学。在此期间，她或他复因人际关系或出于极其偶然的原因，从域外研究大咖那里申请到慷慨的资助，前往印度研究其工业发展，与自己此前的任何知识背景都缺乏内在联系。

　　对绝大多数人而言，域外研究更是全新的，而他们亦好比一个若干周的婴儿看世界一般。与在西方大学就读的绝大多数博士生实地研究者相比，无论在哪个意义上，中国的域外研究者只不过是有待成熟的初学者。结果就是，与华盛顿大学人类学在1950年代拓展的域外研究（罗杨，2008）相比，半个多世纪以后中国人类学拓展的域外研究远未达到让人赞美的地步。

参考文献

阿嘎佐诗，2007，《从地方到民族国家——以新加坡为个案》，中央民族大学博士论文。

包智明，2015，《海外民族志与中国人类学研究的新常态》，《中央民族大学学报》第4期。

曹南来，2016a，《流离与凝聚：巴黎温州人的基督徒生活》，《文化纵横》第2期。

曹南来，2016b，《旅法华人移民基督教：叠合网络与社群委身》，《社会学研究》第5期。

陈波，2007，《祖尼小镇的结构与象征——纪念李安宅先生》，王铭铭主编《中国人类学评论》第3辑，北京：世界图书出版公司。

陈波，2009，《域论：尼泊尔洛域人的文化—历史理论》，《中国人类学评论》第12辑，北京：世界图书出版公司。

陈波，2010，《李安宅与华西学派人类学》，成都：巴蜀书社。

陈波，2011，《山水之间：尼泊尔洛域民族志》，成都：巴蜀书社。

褚建芳，2011，《边民、跨界族群与汉语人类学——围绕云南傣族研究的思考》，《中国人类学评论》第16辑，北京：世界图书出版公司。

丁宏，1999，《东干文化研究》，北京：中央民族大学出版社。

丁宏，2009，《北极民族学考察笔记》，北京：中央民族大学出版社。

丁宏，2011，《北极民族学考察记——兼谈民族志的写作》，《西北民族研究》第4期。

丁宏、李如东、郝时远，2015，国家社科基金重大项目"少数民族海外华人研究"开题实录，《广西民族大学学报》第6期。

段颖，2012，《城市化抑或华人化——曼德勒华人移民、经济发展与族群关系之研究》，《南洋问题研究》第3期。

高丙中，2006，《人类学国外民族志与中国社会科学的发展》，《中山大学学报》第2期。

高丙中，2008，《近距离看美国社会：石河镇田野作业笔记·预调查篇（上、下）》，《西北民族研究》第1-2期。

高丙中，2009，《凝视世界的意志与学术行动》，"走进世界·海外民族志大系"总序，收于龚浩群，《信徒与公民——泰国曲乡的政治民族志》，北京：北京大学出版社。

高志英、段红云，2012，《缅甸傈僳族的多重认同与社会建构》，《广西民族大学学报》第5期。

龚浩群，2005，《民族国家的历史时间——简析当代泰国的节日体系》，《开放时代》第3期。

龚浩群，2009，《信徒与公民——泰国曲乡的政治民族志》，北京：北京大学出版社。

龚浩群，2013，《文化间性与学科认同——基于泰国研究经验的方法论反思》，《广西民族大学学报》第3期。

龚浩群，2014，《全球知识生产的新图景与新路径：以推动"亚洲研究在非洲"为例》，《中央民族大学学报》第2期。

郭佩宜，2002，《所罗门群岛Langalanga人聘礼交换仪式的"比较"——兼论人类学"比较"》，发表于"人类学的比较与诠释：庆祝陈奇禄教授八秩华诞国际学术研讨会"，4月26、27日，台湾大学应用力学馆国际会议厅。

郭佩宜（Guo，Pei-yi），2004，《"比较"与人类学知识建构——以所罗门群岛Langalanga人聘礼交换仪式为例》，《台湾人类学刊》2（2），1-41。

郭佩宜，2008，《系谱空间、亲属数学与亲属地图：刘斌雄先生的亲属称谓研究》，《宽容的人类学精神：刘斌雄先生纪念论文集》，台北："中央研究院"民族学研究所。

郝国强，2013a，《老挝苗族新年上的跨国婚姻》，《广西民族大学学报》第1期。

郝国强，2013b，《老挝佬族入赘婚的类型及功能分析》，《世界民族》第6期。

郝国强，2014，《近10年来中国海外民族志研究反观》，《思想战线》第5期。

郝国强、许欣、姚佳君，2015，《和合共生——老挝丰沙湾市邦洋村的民族志》，北京：民族出版社。

何林，2013，《民族的渴望：缅北"怒人"的族群重构》，北京：中国社会科学出版社。

何明，2014，《总序：迈向异国田野，解读他者文化》，收于张锦鹏《从逃离到归附》，北京：中国社会科学出版社。

贺霆，2006，《法国中医药现状及启示》，《亚太传统医药》第5期。

贺霆，2007，《中医在法国——探讨在西方进行人类学研究的方法》，王铭铭主编《中国人类学评论》第1辑，北京：世界图书出版公司。

贺霆，2013，《中医西传的源头——法国针灸之父苏里耶》，《云南中医学院学报》第2期。

贺霆，2014，《文化遗产辩：西传的针灸及其人类学意义》，《文化遗产研究》第3辑。

侯兴华、张国儒，2013，《泰国傈僳族及其文化认同》，《思想战线》第2期。

黄兴球，2008，《老挝、泰国跨境民族形成模式及跨境特征》，《广西民族大学学报》第2期。

康敏，2009，《"习以为常"之蔽——一个马来村庄日常生活的民族志》，北京：北京大学出版社。

康敏，2010，《民族志书写——中国人理解海外社会的突破口》，《西北民族研究》第1期。

康敏，2013，《论民族志者在田野作业中的"自我"意识》，《广西民族研究》第4期。

黎相宜、周敏，2013，《抵御性族裔身份认同———美国洛杉矶海南籍越南华人的田野调查与分析》，《民族研究》第1期。

李安宅，1944，《边疆社会工作》，北京：中华书局。

李安山，2000，《非洲华侨华人史》，北京：中国华侨出版社。

李安宅，2011，《回忆海外访学（附：整理后记）》，王铭铭主编《中国人类学评论》第16辑，北京：世界图书出版公司。

李晶，2011，《政府荫庇下的日本农协——仙台秋保町的人类学调查》，《开放时代》第3期。

李静玮，2018，《市场中的民族与国家：论加德满都游客区的族性动力机制》，北京：中国社会科学。

李静玮、梁捷，2016，《全球化集市中的民族互嵌模式——以尼泊尔加德满都T区为例》，《西南民族大学学报》第10期。

李荣荣，2012，《美国的社会与个人——加州悠然城社会生活的民族志》，北京：北京大学出版社。

李荣荣，2013，《从无家可归现象看体面社会的日常维系——基于参与观察的讨论》，《学术探索》第12期。

李如东，2014，《英语世界的东干人实地研究述评》，《回族研究》第4期。

李如东，2016，《中亚东干人民族观、地域观和宗教观的民族志研究》，中央民族大学博士论文。

梁永佳，2009，《海啸、时间观：印度田野工作注释》，《广西民族大学学报》第5期。

梁永佳，2013，《在科学与宗教之间：印度占星术视野中的海啸》，《西南民族大学学报》第1期。

梁永佳、阿嘎佐诗，2013，《在种族与国族之间：新加坡多元种族主义政策》，《西北民族研究》第2期。

刘朝晖，2009a，《海外民族志的田野调查与文本表述》，《广西民族大学学报》第5期。

刘朝晖，2009b，《1948年槟城的"分离运动"与"逃遁的"华侨民族主义》，《开放时代》
　　第10期。

罗杨，2008，《华盛顿大学的人类学——从范式中走来》，王铭铭主编《中国人类学评论》
　　第5辑，北京：世界图书出版公司。

罗杨，2011，《在"周边"的文明——从〈真腊风土记〉看"中间圈"的延伸》，王铭铭主
　　编《中国人类学评论》第16辑，北京：世界图书出版公司。

罗杨，2013，《柬埔寨华人的土地和祖灵信仰——从关系主义人类学视角的考察》，《华人
　　华侨历史研究》第1期。

罗杨，2016a，《文化差异与文野倒置：我在柬埔寨的两次"被骗"经历》，郑少雄、李荣
　　荣主编《北冥有鱼：人类学家的田野故事》，北京：商务印书馆。

罗杨，2016b，《他邦的文明：柬埔寨吴哥的知识、王权与宗教生活》，北京：北京联合出
　　版公司。

马爱琳，2017，《龚浩群老师讲海外民族志研究中的第三方视角：以泰国研究经验为例》，
　　11月24日。http://news.cqu.edu.cn/newsv2/show-14-11113-1.html。访问时间：2018年
　　5月16日14：00。

麻国庆，1999，《日本的家与社会》，《世界民族》第2期。

马翀炜，2013，《秋千架下：一个泰国北部阿卡人村寨的民族志》，北京：中国社会科学出版社。

马翀炜、张雨龙，2011，《对泰国北部山区一次村民选举的人类学考察》，《广西民族大学
　　学报》第6期。

马翀炜、张雨龙，2013，《流动的橡胶：中老边境地区两个哈尼/阿卡人村寨的经济交往研
　　究》，北京：中国社会科学出版社。

马翀炜、张振伟，2013a，《身处国家边缘的发展困境——缅甸那多新寨考察》，《广西民族
　　大学学报》第2期。

马翀炜、张振伟，2013b，《在国家边缘：缅甸那多新寨调查》，北京：中国社会科学出版社。

马强，2010，《多元族群社会中的宗教认同：对吉隆坡一个穆斯林社区的田野研究》，《东
　　南亚研究》第4期。

马强，2011a，《文化掮客抑或文化边缘：多族群多宗教背景下的马来西亚华人穆斯林》，《思

想战线》第1期。

马强，2011b，《城乡之间的达恰：俄罗斯人独特的生产和生活空间》，《开放时代》第4期。

马强，2016a，《在俄罗斯的田野上》，《博士论文》第2期，http://chuansong.me/n/652451751252。访问时间：2018年9月18日8：00。

马强，2016b，《又到复活节 再见斯维塔》，《第一届旅俄中国学生学者俄罗斯研究学术研讨会论文集》，第139-143页。

马强，2017，《俄罗斯民族国家日历：从"十月革命节"到"人民团结日"》，《世界知识》第20期。

彭雪芳，2002，《藏区的教育与现代化建设》，《西北民族学院学报》第3期。

彭雪芳，2006，《对彝族教育的现状分析及对策研究》，《西南民族大学学报》第4期。

彭雪芳，2009，《加拿大西部城市土著教育状况的分析研究》，《广西民族大学学报》第1期。

彭雪芳，2012，《加拿大土著同化教育的兴衰——以布鲁奎尔斯印第安寄宿制学校为例》，《民族学刊》第1期。

乔健，1999，《漂泊中的永恒》，济南：山东画报出版社。

乔健，2004，《印第安人的诵歌》，桂林：广西师范大学出版社。

乔健，2016，《为什么中国人类学不行？》，文汇学人微信号，01-09，15：38，http://cul.qq.com/a/20160109/024516.htm；访问时间：2017-05-21 16：00。

尚文鹏，2017，《"分而不离"：波士顿在家教育家庭的抚育逻辑与策略》，《开放时代》第1期。

宋霞，2014，《康敏博士发表演讲：人类学的整体性视角》7月19日，http://igea.muc.edu.cn/Newshow.asp？NewsId=217；访问时间：2018年5月12日12：00。

王建民，2013，《中国海外民族志研究的学术史》，《西北民族研究》第3期。

王铭铭，2002，《人类学是什么》，北京：北京大学出版社。

王铭铭，2003，《漂泊的洞察》，上海：上海三联书店。

王铭铭，2005a，《寻找中国人类学的世界观》，2004年11月26日中央民族大学讲座，李公明《2004年中国最佳讲座》，武汉：长江文艺出版社，第262-285页。

王铭铭，2005b，《二十五年来中国的人类学研究》，《江西社会科学》第12期。

王铭铭，2006，《中国人类学的海外视野》，《中南民族大学学报》第3期。

王铭铭，2007，《西方作为他者：论中国"西方学"的谱系与意义》，北京：世界图书出版公司。

王铭铭，2009，《"三圈说"——中国人类学汉人、少数民族、海外研究的学术遗产》，王
　　铭铭主编《中国人类学评论》第13辑，北京：世界图书出版公司。

王铭铭，2011a，《民族志与四对关系》，《大音》第1期，第201–222页。

王铭铭，2011b，《所谓"海外民族志"》，《西北民族研究》第2期。

王铭铭，2014，《文明，及有关于此的民族学、社会人类学与社会学观点》，《中南民族大
　　学学报》第4期。

王铭铭，2018，《在黑非洲古城思考中国人类学未来》，《三联生活周刊》第40期。

王铭铭，2019，《"超文化"何以可能》，《信睿周报》第6期。

乌·额·宝力格（Uradyn E. Bulag），2011，《人类学的蒙古求索——我的学术经历》，王铭
　　铭主编《中国人类学评论》第16辑，北京：世界图书出版公司。

吴迪，2016，《依附与非匀称性殷勤——中国、赞比亚的领导方式与上下级关系比较》，《开
　　放时代》第4期。

吴星云，2004，《"到民间去"：民国初期知识分子心路》，《东方论坛》第3期。

吴晓黎，2009，《社群、组织与大众民主——印度喀拉拉邦社会政治的民族志》，北京：北
　　京大学出版社。

吴晓黎，2015，《国族整合的未竟之旅：从印度东北部到印度本部》，《中央民族大学学报》
　　第4期。

吴晓萍、何彪，2005，《穿越时空隧道的山地民族：美国苗族移民的文化调适与变迁》，贵
　　阳：贵州人民出版社。

吴泽霖，1992，《美国人对黑人犹太人和东方人的态度》，傅愫斐等译，北京：中央民族学
　　院出版社。

萧梅，2013，《潮尔草：蒙古音乐中的历史叙事》，《文汇报》9月9日。

萧梅，2014，《文明与文化之间：由"呼麦"现象引申的草原音乐之思》，《音乐艺术》1期。

徐薇，2012，《博茨瓦纳华人发展报告》，载《非洲地区发展报告2011》，北京：中国社会
　　科学出版社。

徐薇，2014，《华侨华人在非洲的困境与前景展望》，《东南亚研究》第1期。

徐新建，2012，《英国不是"不列颠"——兼论多民族国家身份认同的比较研究》，《世界民族》
　　第1期。

徐新建、王铭铭、周大鸣等，2008，《人类学的中国话语》，《广西民族大学学报》第2期。

杨春宇，2010，《平等竞争———从少儿足球竞赛的架构看澳大利亚社会平等主义的再生产》，谢立中主编《海外民族志与中国社会科学》，北京：社会科学文献出版社。

杨春宇，2014a，《在全球化背景下重新定位中国人类学》，《中国社会科学报》第613期。

杨春宇，2014b，《汉语海外民族志实践中的"越界"现象——基于方法论的反思》，《世界民族》第3期。

杨民康，2017，《西南丝路乐舞中的"印度化"底痕与传播轨迹》，《民族艺术研究》第2期。

杨民康、王永健、宁颖，2017，《海外艺术民族志与跨界族群音乐文化研究》，《民族艺术》第3期。

玉时阶，2010，《文化断裂与文化自觉：越南瑶族民间文献的保护与传承——以越南老街省沙巴县大坪乡撒祥村为例》，《世界民族》5期。

玉时阶，2011，《美国瑶族的国家认同与文化认同》，《广西民族研究》第3期。

玉时阶，2013，《瑶族进入越南的时间及其分布》，《社会科学战线》第1期。

袁同凯，2009a，《老挝北部Lanten人的学校教育——人类学视野中的个案研究》，《民族教育研究》第6期。

袁同凯，2009b，《在异域做田野：老挝的经历——兼论田野资料的"准确性"与"真实性"》，《广西民族大学学报》第5期。

袁同凯，2011，《老挝北部的鸦片问题：Lanten人的个案》，《西北民族研究》第3期。

袁同凯，2014，《蓝靛瑶人及其学校教育：一个老挝北部山地族群的民族志研究》，北京：中国社会科学出版社。

袁同凯、陈石，2013，《老挝Lanten人的宗教信仰与仪式》，《中南民族大学学报》第2期。

扎洛，2012，《清代西藏与布鲁克巴》，北京：中国社会科学出版社。

张金岭，2008，《文化想象中的"中国"——基于法国里昂民族志调查的思考》，《欧洲研究》第5期。

张金岭，2010a，《人类学研究的范式交叉与民族志创作》，《云南社会科学》第1期。

张金岭，2010b，《中国人类学者海外民族志研究的理论思考》，《西北民族研究》第1期。

张金岭，2011a，《中国文化视野下的人类学海外民族志研究——基于法国田野经验的思考》，《云南社会科学》第1期。

张金岭，2011b，《法国社会中的时间及其文化隐喻》，《开放时代》第7期。

张锦鹏，2014，《从逃离到归附：泰国北部美良河村村民国家认同的建构历程》，北京：中国社会科学出版社。

张青仁，2016，《从周岁仪式透视墨西哥社会》，《民族艺术》第3期。

张青仁，2017，《宗教与现代性的自反性建构：一项对墨西哥天主教历史变迁的人类学研究》，《世界宗教研究》第1期。

郑一省，2012，《印尼坤甸华人的"烧洋船"仪式探析》，《世界民族》第6期。

郑宇、曾静，2013，《仪式类型与社会边界：越南老街省孟康县坡龙乡坡龙街赫蒙族调查研究》，北京：中国社会科学出版社。

钟鸣，2013，《马达加斯加伊麦利那人翻尸仪式调查》，《广西民族大学学报》第3期。

钟鸣，2016，《马达加斯加麦利那人仪式消费对贫困影响研究》，兰州大学博士论文。

周大鸣，2012，《柏林中国移民调查与研究》，《广西民族大学学报》第3期。

周大鸣、龚霓，2018，《海外研究：中国人类学发展新趋势》，《广西民族大学学报》第1期。

周建新，2002，《中越中老跨国民族及其族群关系研究》，北京：民族出版社。

周建新，2007，《缅甸各民族及中缅跨界民族》，《世界民族》第4期。

周建新，2008，《和平跨居论——中国南方与大陆东南亚跨国民族"和平跨居"模式研究》，北京：民族出版社。

周建新、覃美娟，2009，《边界、跨国民族与爱尔兰现象》，《思想战线》第5期。

周歆红，2008，《中国海外民族志研究的"他山之石"——透视"人类学德国研究"》，《思想战线》第1期。

庄晨燕、李阳，2017，《融入抑或隔离：坦桑尼亚华商与当地社会日常互动研究》，《世界民族》第2期。

Chen, Bo, 2016, The Making of "China" out of "Zhongguo." *Journal of Asian History* 50-1. pp. 73-116. Otto Harrassowitz GmbH & Co. KG, Wiesbaden.

Chen, Hsiang-Shui, 1992, *Chinatown No More：Taiwan Immigrants in Contemporary New York*. Ithaca, NY：Cornell University Press.

Chiao, Chien, 1971, *Continuation of Tradition in Navajo Society*. Institute of Ethnology. Academia Sinica Monography Series B. No.3.

Chiao, Chien, 2010, *Continuation of Tradition in Navajo Society*. New and Expanded Edition. Taipei：Airiti Press.

Freedman, Maurice, 1963, "A Chinese Phase in Social Anthropology." *The British Journal of*

Sociology, Vol. 14, No. 1（Mar.）, pp. 1–19.

Freedman, Maurice., 1962, "Sociology in and of China." *The British Journal of Sociology*. Vol. 13, No. 2（Jun.）, pp. 106–116.

Hsu, Francis L. K., 1975, *Iemoto：the Heart of Japan*. Cambridge, Mass.；Schenkman Pub. Co.

Li, An-che, 1937, "Zuni：Some Observations and Queries." *American Anthropologist*, Vol. 39.

Liang, Yongjia., 2008, "Between Science and Religion：An Astrological Interpretation of the Tsunami in India." *Asian Journal of Social Science*.

Osgood, Cornelius, 1963, *Village Life in Old China：A Community Study of Kao Yao Yunnan*. New York：The Ronald Press Company.

Osgood, Cornelius., 1985, "Failures." *American Anthropologist*, New Series, Vol.87, No.2（Jun., 1985）.

Qiu, Y., 2017, *Complicit Intimacy：a study of Nigerian-Chinese intimate/business* partnerships in South China. Dissertation, Cambridge University.（Final submission date：Jan. 2017.）

Qiu, Y., 2018, "'The Chinese are coming'：Social Dependence and Entrepreneurial Ethics in post-colonial Nigeria." In *Yellow Perils*（eds）F. Billé& S. Urbansky. Honolulu：University of Hawaii Press.

Tian, Rukang, 1953, *The Chinese of Sarawak：A Study of Social Structure*. London, Dept. of Anthropology, London School of Economics and Political Sciences.

Vasantkumar, Chris, 2012, "What is this 'Chinese' in Overseas Chinese? Sojourn Work and the Place of China's Minority Nationalities in Extraterritorial Chineseness." *The Journal of Asian Studies* 71（2）：423–446.

Wu, Di, 2015, *The everyday life of Chinese migrants in Zambia：emotion, sociality and moral interaction*. Ph.D. Dissertation. London School of Politics and Economics.

Xiang, Biao, 2007, *Global "Body Shopping"：An Indian Labor System in the Information Technology Industry*. Princeton, N.J.：Princeton University Press.

Yue, Ming-Bao, 2000, "On not Looking German：Ethnicity, Diaspora and the Politics of Vision." *European Journal of Cultural Studies* 3（2）：175–194.

（作者单位：四川大学历史文化学院）

"民族"猜想：改革开放以来的人类学民族研究

阿嘎佐诗

导言

上世纪50—60年代，正值民族识别工作的全面展开，中国学术界围绕"民族"的含义展开了一场争论。"民族"作为一个20世纪初从日语引入的词，与俄语народ和德语Volk等欧洲语言中的类似概念混用起来。人类学家杨堃（1964）与林耀华（1963）主张限制"民族"的使用范围，而历史学家范文澜（1954）和牙含章（1962）则主张广泛使用"民族"概念，只需在必要时加上注解。从这一时期民族识别的方法和民族身份的制度化过程来看，历史学家的意见占了上风。但这场学术争论并未就此结束。80年代人类学学科重建以来，"民族"被用来指代更多的内容，包括nation, people, nationality, ethnicity, ethnic group等等。作为一个有多重含义的外来词，"民族"究竟能在何种程度上描述中国的现实？

已故学者李绍明教授与华盛顿大学的郝瑞教授（Stevan Harrell）曾就"民族"问题展开过讨论。郝瑞（2002）基于在四川的调查，认为不同地方彝族的自我认同标准不一。李绍明（2002）则指出，从语言、制度、记忆等方面看，这些人群的确是共同的"族体"，民族概念是有实质内容的。李先生曾参与少数民族社会历史调查工作，他与郝瑞的讨论堪称当代"民族"问题的经典争论，也说明了尽管社会条件发生了诸多重要变化，有关民族的争论仍在延续杨堃、林耀华等学者当年的议题。

我将借助"民族"概念的模糊性和争议性，讨论改革开放以来中国人类学（一定程度上包括民族学）的相关争论。我使用"民族猜想"这个说法来涵盖在使用"民族"描述中国的"民族景观"（ethnoscape）时所产生的种种问题，例如这一概念的复杂性与适用性，它在权力支撑下的制度化问题及其引发的各种相关讨论。通过考察"民族猜想"，可以在整个人类学学科的视野下，衡量中国人类学对族群研究所做的贡献。我认为，在特殊的社会政治场景下，中国人类学对民族的研究或将"民族"坐实或将"民族"问题化，形成一个塑造当代中国的重要概念。

本文将首先分析中国人类学与民族学/社会学的特殊关系，以及在民族识别和学科配置中分析当代中国人类学的制度化过程。其后，文章将重点讨论三个研究方向——"民族地区"调查、费孝通"多元一体格局"及其相关研究、本世纪初的"民族政策"之争。

"民族识别"与学科配置：影响改革开放以来人类学民族研究的两大因素

改革开放以来，人类学民族研究很大程度上受到了两大因素的影响：1950年代开始的民族识别和80年代后期开始的学科分类。前者与研究主题有关，后者与研究方式有关。这两大因素导致了民族的制度化，也在某种程度上导致了人类学这门学科的制度化。

1950年代的民族识别，是国家建立政权的一个重要步骤。中国共产党在长征（1934—1936）和延安时代（1936—1948），逐渐认识到了分布在中国西部和北部的非汉族人口的独特性和重要性。1949年新中国成立确立的"统一的多民族国家"原则，继承了前民族—国家时代的民族多元特色，但又不同于民国时期只承认大民族的"五族共和"政策。该原则认为，中国的民族远远超过五个，应该给予平等的政治待遇，而且应该给予优惠政策。这一理念的推行受到当时阶级斗争意识的指导，并以相应的社会改造作为呼应，但整个计划的目的在于授予国家边缘人群合法地位，是一项重要的社会工程（Tapp，2002）。

民族的制度化是一个复杂的过程。共和国政府起初采取"名从主人"的原则，让各地自报民族称谓，结果全国自报了400多个族称，仅云南就报了260多个（费孝通，1980；林耀华，1984）。官员和学者都认为这是一个无法处理的数字，必须进行"归并"，尤其在语言、文化众多的云贵高原更要如此。因此，中央政府指令在北京和各省会城市的专家组成民族识别研究团队，运用马克思列宁主义、斯大林民族学说，到全国各地进行田野调查，与当地政府共同完成"民族识别"工作——确定哪些称谓可以构成一个"单一民族"，哪里的哪些人群应该被识别为哪种称谓。1953年第一次人口普查时，已经确定了38个少数民族。1964年，第二次人口普查的时候，又增加了15个，加上1965年和1979年确定的两个新的少数民族，中国的少数民族总数在1979年最终固定在55个。自此以后，国家再也没有识别新的民族。

民族识别是一项由国家权力协调并推行的工程，对本文的研究主题有着非常深远的影响。虽然人类学在1952年被取消，人类学家改称民族学家、历史学家、语言学家等，其写作也深受斯大林民族理论的影响，但职业人类学家通过民族识别，仍有机会从事田野调查，并培养学生。在上世纪50—60年代，由全国人民代表大会常务委员会和中国科学院民族学研究所、中央民族学院等机构，组织力量对少数民族进行了大规模的"社会历史调查"，上百部调查报告在80年代陆续出版。这些材料，名义上根据关于民族的四个标准（共同地域、共同语言、共同经济生活、共同心理素质）进行，但在实际操作中有不少变通，例如，共同心理素质很少在调查结果中体现出来。

过去三十年中，大量的人类学著述与此有关，上述郝瑞与李绍明的争论就是一个例子。由于民族识别是"国家视角"（"seeing like a state"）（Scott，1998），这导致失去了大量当地的"地方知识"（metis），以至于当人类学家进行新的田野工作时，原来的民族分类不断地塑造和挑战这种叙事，并引发诸多反思。很多民族志田野工作，已经将视野从四个标准上延伸开去，探讨民族认同、文化变迁、宗教、人生仪礼、口头文学等内容。不少人类研究实际上属于民族识别工作的延续，其主要内容是通过人类学的田野工作方法，认识"未识别民族"的社会形态，然后确定他们到底属于哪个已经识别的民族。这就从两个方面强化了民族叙事。

民族识别研究在1950年代是人类学研究的庇身之所，在80年代又推进了人类学学科的复兴，因而人类学与民族身份的构建之间建立了不可分割的纽带。首先，80年代的人类学研究仍然在民族学的旗帜下延续了很多未完成的少数民族社会历史调查工作。其次，由于1984年《民族区域自治法》的通过，中国创立和恢复了数百个少数民族自治区、州、县、乡。这样的设置导致以学术方式强化民族身份成了很重要的工作。从1980年以来，以某一民族冠名的"民族史""风俗大观""语言""哲学""思想""科技"等著作层出不穷，有些就是由经过初步人类学训练的地方文人完成的。随着中国于2004年加入联合国《保护非物质文化遗产国际公约》，各民族自治地方竞相组织学者进行调查研究，撰写非遗申请书，很多项目已经成功入选国家、省级非遗名录，有的甚至成为联合国项目。可以说，人类学有关民族的研究，一直是在国家划分民族身份的条件下进行的。

另一个重要因素是人类学作为一个学科分类，与民族问题有着密切的关系。国务院学位委员会制定的正式学科分类目录从创建开始就处于相当稳定的状态。在这个目录中，"人类学"是从属于一级学科社会学下的二级学科，但"文化人类学"则是从属于一级学科民族学下的二级学科。换句话说，人类学分别从属于社会学和民族学。这种学术分工上的混淆之所以值得关注，是因为中国的"学科"贴切地表达了知识和权力的紧密交织，这在很大程度上决定了人类学民族研究的状况。

作为一级学科民族学下属的文化人类学，一般都只能从事对民族问题的研究，并在民族学的很多规范中开展研究。然而，作为一个很大程度上停留在苏联学术模式的一级学科，民族学缺乏国际交流平台，也缺乏知识生产的原动力，只能对涉及民族问题的经济、政治、艺术、人才等问题提供意见，成为一个名副其实的"领域"。相比之下，人类学有着广泛的国际交流空间，在中国社会科学界有着较大的影响，却不得不受制于民族学设定的范围、问题、研究支持。民族学一直被视为特殊的学科，以至于在1990年代末期，绝大多数中国大学归教育部直接管辖的时候，多数人类学家供职的民族类高校和民族研究所，仍然由国家和地方民族事务委员会管理。可以说，"民族"在学术机构上与人类学存在较大的支配关系。

这种格局至少产生了如下结果。首先，在少数民族地区展开的人类学研究与在汉族地区展开的人类学研究存在较大的不同。前者无法回避"民族"这一关键词，后者基本用不上"民族"。中国人类学很长时间存在这样的二分。其次，对"民族"本身的质疑、反思成为理所当然的研究领域，也是人类学民族研究取得最多成就的领域。最后，保护少数民族的利益成为不少人类学研究的合法性来源。总之，民族识别和人类学的学科分类，都使得"民族"本身成为人类学民族研究的基本权力格局。

建构民族与反思民族

建构民族的工作在改革开放后就立即再次展开，关注的重点是"已识别民族"。1979年，基诺族成为最后一个被识别的单一少数民族。但是，"国家视角"的工程仍未结束，还有很多人群一直被划为"未识别民族"。1978年到1990年，各省民族事务委员会组织高校和民族研究所的学者对众多的"未识别民族"进行了调查，包括"达布人"、"西畲人"、"克木人"、"纳日人"（即后来常说的摩梭人）、"临高人"、"白马人"、"八甲人"、"那马人"、"勒墨人"、"夏尔巴人"、"穿青人"等等。

人类学/民族学者的专家知识在确定未识别民族归属的时候，起了一定的作用。值得注意的是，这些未识别的"人"，都被划分到已有的民族分类中去，任何一个未识别民族都没有成为新的民族。这类似一种身份"羁押"（sequestration），即识别的大门已经关上。人类学/民族学家不得不在这个框架中，将各人群加以归并。"哥隆人""瓦乡人""布标人"等归入汉族；很多归并至壮、瑶、苗、彝、藏、回等少数民族，如"苦聪人"划入拉祜族，"摩梭人"分别划入纳西族和蒙古族，北方的"图瓦人""布里亚特人"归入蒙古族。这样归并的人群种类有50多个。有的则由汉族改成少数民族，例如中南地区的700万汉族、苗族改为土家族。少数群体不愿意成为任何民族，仍可以称为"未识别民族"。到2010年第六次人口普查时，中国仍约有64万人属于"未识别民族"。

其中，穿青人最能说明问题。根据赵家鹏（2012）的研究，这个分布在贵州西北部、人口67万（2000年）、自称"穿青人"的人群，认为自己与"穿蓝"的汉族不同。但基于历史记忆等多重考虑，1953年由费孝通领导的调查团队，仍然将其识别为汉族。当时，地方精英虽有不满，但很快被随后发生的各种运动冲淡。1983年，穿青人地方精英张成坤，经过细致的调查，得出穿青人并非历史上江西移民的结论，认为自己应当成为一个少数民族，并向前来考察的全国政协副主席费孝通提交了调查报告。但为时已晚，由于中央高层决意不再识别新的民族，费孝通再次否定了穿青人的要求。穿青地方精英对此表示不满，并通过上访等方式表达意见。最终，当时的贵州省委书记于1986年决定维持现状：以往未改变自己身份到汉族的穿青人，仍可以填写自己为"穿青人"。到了2007年，政府要求穿青人自行决定纳入其他少数民族，导致一部分穿青人希望成为彝族，而另一部分希望成为土家族，其民族归属至今仍悬而未决。

人类学家对穿青人、革家人（张兆和，2012）的民族识别以及对民族识别作为一个整体的研究（黄光学、施联珠，2005），反映了一个具有普遍意义的问题，即"民族"作为学术概念和"民族"作为政治概念之间的张力。表面上，人类学家的调查报告（至今仍有很多并未公开出版），成为确定民族归属的重要依据。但实际上，能否成为国家认可的单一民族，是一个复杂的过程，既需要本族精英的努力，也需要政治力量的支持，更需要中央政策框架的允许。作为学术概念，人类学家已经在很大程度上超越了"四个共同"原则，尤其是运用了大量史料来考察他们的历史记忆。但作为分析概念的"民族"远远不及作为政治概念的"民族"更具有合法性。

有关学术上的"民族研究"和政治上的"民族承认"之间的微妙关系，中国人类学的两位先驱费孝通和林耀华都很明确地做过论述。1980年，费孝通在《中国社会科学》上发表了《关于我国民族的识别问题》一文。他在这篇文章中，质疑了"分族写史"的弊病，强调了"名从主人"的重要性。林耀华（1984）也撰写了《中国西南地区的民族识别》一文，同样强调了"民族识别"的政治意蕴。实际上，早在1957年，他们就明确表述过这个问题的微妙性："民族名称是不能强加于人或由别人来改变的，我们的工作只是在从共同体的形成上来加以研究，提供材料和分析，以便帮助已经提出民族名称的单位，经过协商，自己来考虑是否要认为是少数民族或是否要单独成为一个民族。这些问题的答案是各族人民自己来做的，这是他们的权利。"（费孝通、林耀华，2009［1957］：157）

但是，政治上的"民族"和学术上的"民族"只能作为一种理想区分，在实际社会中，前者对后者的塑造力非常强大，导致坐实民族的人类学研究众多。这一明显的学科制作倾向，是权力和知识互相强化的例证。1984年的《民族区域自治法》规定各民族都需要成立地方自治政权，并由本民族成员担任政权的行政领导。这一规定使认可民族本真性的努力普遍出现，表现之一就是以民族冠名的学科的诞生，人类学家和历史学家在这个过程中起到了重要的推动作用。在这些新产生的学科中，最有影响力的首推藏学。由于西藏的特殊地位，1986年在中央层面成立了中国藏学研究中心，直接隶属于中共中央统战部。该机构是唯一一个以单一民族为学科的国家级研究机构，下设经济、历史、宗教、当代问题等研究所，并创办《中国藏学》期刊，很多知名人类学家都在这里工作。效仿这一做法，很多民族自治地方在自治区、自治州、自治县层面成立了自己的单一民族研究机构，并创立了分属于地方政府的"学会"，如蒙古学、哈尼学、彝学、白族学、满学、土家学、苗学等等，在这些学会中，很多学会成员具有人类学教育背景或是人类学的爱好者。中央民族大学、西南民族大学、四川大学等高校设立了许多专门的系或研究所。大量对民族文化进行进一步"挖掘"的传统的发明也正是从这些研究机构中形成的。

有关民族起源、民族迁徙的研究，通常倾向于假设官方认可的某个民族具有古老的起源，并希望从古代文献中寻找该民族的起源地和迁徙路线。由于古代文献提到的民族称谓少于今天的官方民族称谓，以至于不少民族要与其他民族共享一个古代民族称谓，并因此产生了对民族分化和民族关系的细致研究。例如，云南楚雄民族文化研究所，就在中国社会科学院民族学研究所的著名民族学/人类学家刘尧汉的指导下，对彝族本身的历史一再发掘。有的研究，甚至将彝族的历史与170万年前的元谋猿人联系在一起（Harrell，1995）。2004年中国加入联合国《保护非物质文化遗产国际公约》之后兴起的"申遗热"，将这些材料用作论证民族特色的素材。上文提到的"未确定民族"，在归并入某一少数民族后，常被边缘化为"某某族的支系"。此时，他们那些曾经不见于主流话语的"奇异风俗"被塑造为本民族的独特文化遗产。如著名的摩梭人"走婚"制度，随着摩梭人成为纳西族的一支，而被强化为纳西族的民族文化，从而更强化了民族身份的本真性特征，成为旅游开发的文化遗产资源。

针对少数民族进行的田野调查从1990年开始越发增多，并产生了记录某种独特民族文化的愿望。这一时期的调查，往往追求对一个有限空间（往往是村落）的全方位记录，试图涵盖社会生活的方方面面。常见的叙述模式是社区背景、亲属制度、人生仪式、生产方式、宗教生活等等。这一呈现方法，声称受到了人类学功能主义方法的影响，如《西太平洋的航海者》《安达曼岛人》等，但实际上未必符合这两本著作的旨趣。真正让村落民族志成为主流的是1930年代引入中国的"社区研究方法"。当时，燕京大学的吴文藻教授邀请了社区调查方法的发明人派克（Robert Park）来华宣讲。深受其影响的费孝通写了 *Peasant Life in China* 这样一部社区方法的典范著作。1986年该著作的中文版《江村经济》出版，旋即备受推崇，至今仍是中国人类学研究的范本。随着《云南三村》等其他社区研究著作的再版，对一个村落进行"解剖麻雀"式的调查成为很多新人类学家的研究手段。但是，宣称使用社区研究方法的人类学家，往往假定社会生活可以通过社区调查进行穷尽式的呈现，并以此成为有代表性的典型案例，甚至被假设为某一民族的缩影。同时，这一研究方式倾向于研究非正式的社会制度，倾向于将人还原为服从于非正式制度的个体，比较忽视矛盾、冲突，忽视制度本身的生成与消解。

在1990年代中期以前，中国的人类学理论的主流仍然是摩尔根、泰勒、弗雷泽的进化论。[①]这一主导范式与社区方法结合在一起，吊诡地形成了一种对社区史的关注，即倾向于将社区视为一个自在的体系，在研究者进入这个社区进行研究之前，当地人自从远古时期迁徙到此地之后，就很少受到外部影响。有的研究认为，自己研究的社区存在几千年的风俗遗存，堪称某民族文化的代表。这一研究倾向，逐渐走上了对民族身份的强化，追求寻找一个民族的"本真性"的模式。有关某民族历史的研究，往往采用进化论模式，将存在于同一时空的现象，分解成蒙昧时期、野蛮时期、文明时期的遗存。这种研究，形成了一个有趣的学科史堆积层。

受到完整教育的新一代人类学家，从1990年代中期开始陆续在国内外获得了博士学位，并很快开始培养自己的博士生。这一转变，使得有关民族的人类学研究，出现了很多致力于同西方族群理论、认同理论和民族主义理论对话的研究。[②]这些研究，不再集中于民族的坐实，而在于理解中国场景下民族的含义，甚至质疑"民族"的有效性。例如，在《现代背景下的族群建构》（2000）一书中，纳日碧力戈全面评述了族群理论在欧美人类学中的新发展，并以语言学和符号人类学为线索，分析了中国族群生成的规律。认为中国的族群的首要标志是语言，因为用在每一种民族语言中的族群标志，与该语言的具体场景、语法、语义学有关，深深地植入了该语言。因此，分析族群应该是具体案例具体分析，而不应追求统一的表述。范可（2005）分析了泉州回族乡政府在自我身份的制作中对于穆

---

① 传播论从来没有产生真正的影响，功能论也只限于马林诺夫斯基《科学文化理论》的中译本《文化论》。但是，其他流派的著作也逐渐译介到中国，如列维-斯特劳斯的《野性的思维》、列维-布留尔的《原始思维》、博厄斯的《原始人的心灵》、玛格丽特·米德的《萨摩亚人的成年》、本尼迪克特的《文化模式》等。

② 新一代的人类学家，有部分学者可以用中英文写作，但由于读者对象等差异，其中文和英文写作的内容存在一定的差异。本文仍以他们的中文写作为评述对象。

斯林建筑的"再地方化",将阿拉伯风格引入当地来创造本地的"民族特色"。菅志翔(2006)运用档案和访谈,力求再现保安族民族识别的过程,并呈现了自我认同保安族和被他人认为是保安族之间的微妙差异。周大鸣(2002)认为,族群认同的主要标志是一些文化要素,因此,族群边界的维系有赖于文化。受到西方人类学新问题的影响,旅游(彭兆荣,2004)、医疗(景军等,2010;翁乃群等,2004)、房屋(张江华,2007)、族称(梁永佳,2012)纷纷成为民族地区人类学研究的热点问题。

众多在西方当代人类学理论脉络中讨论民族问题的人类学研究,倾向于在中国经验中对这些引进的概念进行再讨论。潘蛟(2009b)所著《解构中国少数民族:去东方学化还是再东方学化》全面回顾了英语人类学界20年来对中国少数民族的人类学经验研究,提出了非常尖锐的批评。在他看来,西方人类学对民族识别和中国政治体制的后殖民式解构混淆了三件事情:将政治承认和接纳与歧视和隔离混为一谈;将原生少数民族与散居少数民族混为一谈;将民族识别与内部殖民主义或内部东方主义混为一谈。他特别指出,这些似是而非的论证很少受到中国人类学家的质疑,而这些问题对于理解民族来说是至关重要的。

改革开放初期的人类学民族研究并没有成功地填补政治意义上的"民族"与学术意义上的"民族"之间的断裂,但却在进化论、功能主义、社区研究混合的基础上,生产了大量宝贵的经验研究。上世纪末至本世纪初的新一代人类学学者致力于运用、考证西方人类学理论,但他们也不得不再次面临同一个问题:"民族"是否能描述中国现实?

"中华民族多元一体格局"研究

在所有对"民族"的反思中,费孝通的"中华民族多元一体格局",可谓最有权威、最具影响、最有独创性的理论,可谓是改革开放以来中国人类学家在"民族"问题上做出的最重要贡献。该文是费孝通于1988年8月在香港中文大学做泰纳(Tanner)演讲的题目,后来发表在《北京大学学报》(1989)上。一发表就引发了大量的讨论,至今不衰。

根据费孝通(1997)自己的回忆,这篇文章是由他一份1950年代的讲义发展而成的。当时，由于民族识别正在广泛展开，北京组织人力"分族写志"，按照被识别的民族单位写作独立的民族志。费孝通此时受命组建中央民族学院研究部，必须开设民族史课程。但是，他发现按单个民族讲授民族史而不重视汉族的影响，根本无法讲这门课。因此，对中华民族做出整体性的论述，就成了他念念不忘的课题。直到1988年，他将多年的思考和盘托出。在这篇文章里，78岁的费孝通超越了早年的功能主义论述，从整体的历史维度阐发"中华民族多元一体格局"的形成过程。他认为，目前中国境内的民族格局，可以用"多元一体"的概念概括。其中，"五十多个民族单位是多元，中华民族是一体，它们虽则都称'民族'，但层次不同"（费孝通，1989：1）。这一格局是"由许许多多分散孤立存在的民族单位，经过接触、混杂、联结和融合，同时也有分裂和消亡，形成一个你来我去、我来你去，我中有你、你中有我，而又各具个性的多元统一体。这也许是世界各地民族形成的共同过程"（同上）。

他的具体讨论可以概括为如下内容：在三千年前，在黄河中游出现了一个由若干民族集团逐渐融合的核心，称为华夏。它像雪球一般越滚越大，在拥有黄河和长江中下游的东亚平原之后，被其他民族称为汉族。"汉族继续不断吸收其他民族的成分而日益壮大，而且渗入其他民族的聚居区，构成起着凝聚和联系作用的网络，奠定了以这个疆域内许多民族联合成的不可分割的统一体的基础，成为一个自在的民族实体，经过民族自觉而称为中华民族。"（同上）在这个过程中，周边民族不断与核心的汉族互动，形成一个不可分割的整体。其中，北方民族不仅保持与汉族的密切交往，而且持续不断地南下给汉族输入新鲜血液，这一过程从汉代一直延续到清代。同时，汉族从宋代开始大举南下，并持续西进，从而充实了其他民族。

"多元一体格局"提出之后，马上受到了国家的重视。国家民族事务委员会于1990年召开了研讨会，将这一理论落实为一个政治表述，即各个民族各有起源，互相关联不可分割。因此，不是某个民族同化其他民族，更不是汉化，或者马上实行民族融合（费孝通，1991）。此时，恰逢中国最高领导人就民族问题提出"三个离不开"的理论（汉族离不开少数民族、少数民族离不开汉族、各少数民族之间也离不开），费孝通的"多元一体"刚好可以用于更加具体细致地阐述这一理论。2005年和2014年，在中国共产党召开的"中央民族工作会议"上，中国的民族状况被正式概括为"中华民族"的"多元一体格局"。这充分体现了费孝通对中国民族政策的影响。

1996年，费孝通受邀在日本（大阪）国立民族学博物馆召开的"关于中华民族多元一体论"国际学术研讨会上做主题发言"简述我的民族研究经历和思考"。费孝通不仅系统地阐述了自己对民族研究的总体看法，同时也对"分族写志"而不考虑与汉族和其他少数民族关系的研究路径提出了批评。他认为，民族之间的影响和互动十分重要，不应该只关注各民族之间的差异，而是要考察民族的区域性互动、关联与共性。

除此之外，中国学界也做出了积极的响应（马戎，1989；陈连开，1991；谷苞，1993；宋蜀华，2000）。徐杰舜根据费孝通的"雪球"表述，撰写了一部描述汉民族形成过程的著作《雪球：汉民族的人类学分析》（1999）。和少英（1998）指出这一模式应该重视少数民族之间的关系。结合林耀华提出的"中国的经济文化类型"的研究模式，张海洋（2006）将费孝通的学说发展为一个生动的"太极"图形，提出中国人的认同基础是"和而不同"——包容差异。这种差异由东部的农耕和西部的游牧组成，可称之为中华民族的DNA的"双螺旋结构"，彼此形成一种互补关系。要理解这一关系，不能再采用社会进化论，而应采取文化生态学的视角。赵旭东（2012）提醒不要将"多元一体"理论片面地理解为论证政治合法性的由果及因的理论，而是要明白费孝通对于民族识别以来，各民族日益走向不同的忧虑，这种忧虑与他在民国时期对中国一体性和多样性的思考密切相关，是对其年轻时学术主张的一种修正。

王明珂在其多部作品中（2006；2008），都探讨了"中华民族多元一体格局"理论的可用性及其限制，并用史料探讨了华夏认同边缘的伸缩所带来的民族格局变化。例如，史料上记录的羌族聚集地各不相同，会让人误以为羌族在历史上发生过多次迁徙。但王明珂提出，这些史料记录的并非是羌人的迁徙过程，而是华夏边缘的伸缩。由于汉文著述习惯称帝国西部边陲住着"羌人"，因此，被记录生活着羌人的地带，基本上是帝国势力统治的边陲地带，是边陲自身的变动导致了一个"羌人"迁徙的错觉。

对于"多元一体格局"的讨论也不局限于学科内部。例如，汪晖在《东西之间的"西藏问题"》（外二篇）（2011）中指出"多元一体"格局强调多样性与混杂性的结合，超越了苏联的加盟共和国模式和民国时期的民族主义表述，构成了"民族区域自治"制度的前提。首先，这一理论指出混杂和融合是漫长的，无法进行单方面的同化。其次，"'多元一体说'不仅是指多民族共存的状态，而且也指任何一个被界定为民族的社会都存在多元性。因此，多元一体同时适用于中华民族、汉族和各少数民族"（汪晖，2011：87）。最后，"多元一体"的"一体"指的是近代形成的、以公民为实体的政治体。

费孝通"多元一体格局"的看法，在1950年代形成雏形，在1980年代的一系列文章中得到了更详细的阐发（费孝通，1980；1982）。在这些文章中，他提出了著名的民族"走廊"说。费孝通认为"民族与民族之间分开来研究，很难把情况真正了解清楚"，因而要"按历史形成的民族地区来进行研究"（"深入开展民族调查问题"），即"一条西北走廊，一条藏彝走廊，一条南岭走廊，还有一个地区包括东北几省"（费孝通，1982：5）。这一视角试图突破民族识别之后，过于强调单一民族研究的方法，突出民族之间的关系以及形成这些关系的自然生态和历史过程，促使了民族走廊研究的兴起。

藏彝走廊是研究最充分的地带。相比藏彝走廊的研究，西北走廊和南岭走廊的研究起初相对薄弱，但也出现了重要的研究成果（郝苏民，1999；麻国庆，2013）。1980年代由四川省民族研究所童恩正、李绍明牵头的研究团队，就对雅砻江流域的民族社会进行了系统调查，可以说是对费孝通民族走廊说的最早回应。1990年代，该所所长李绍明在《西南丝绸之路与民族走廊》一文中，提出这些走廊是在前现代社会中，人类聚集和迁徙的自然通道，整体性的研究将有助于理解民族的历史与文化沉淀。后来，很多学者又将民族走廊的数量增加，以概括中华民族多元一体的总体构造。例如，李星星（2005）就提出了由五条民族走廊构成的"二纵三横"的构架。石硕（2014）带领他的研究团队，从民族史的角度系统研究了藏彝走廊民族迁徙和互动的历史脉络，呈现了文化区域的格局和关联特征，并以一些个案说明了民族认同的变迁、经济往来、宗教和亲属制度的冲突和调适过程。

北京大学的王铭铭与中央民族大学和西南民族大学合作，对藏彝走廊的近代史进行了系统研究。他试图用"中间圈"的概念涵盖"藏彝走廊"，将之定位在传统中国"天下"观的一个关键地带上。在这个视野下，藏彝走廊成为中国核心的汉人地带与外圈地带之间的过渡区。这一区域既受到中央帝国的影响，又与其他文明发生较密切的连接，自身构成了一个世界体系。根据王铭铭的设计，藏彝走廊的研究方式，既不能靠西学民族国家系统内的族群、身份、表述等概念，也不能重走汉人社会研究的"社区方法"老路，而是要将"关系"视为研究的基本单位（王铭铭，2008）。王铭铭创立的《中国人类学评论》（共发行20多辑），登载了大量有关藏彝走廊的研究成果，是理解藏彝走廊研究的一个重要阵地。

经过将近30年与西方的隔断，费孝通的学术研究已经独具特色。"中华民族多元一体"理论，大量利用了欧美人类学同行很少具备的历史维度和考古学成就。该理论强调民族互动而形成边界，与巴特（Fredrik Barth）的族群边界说有异曲同工之妙。费孝通提出在关注民族的自己独特边界的同时，还应重视"我中有你，你中有我"的关联状态，这是近年来西方学界真正关注的问题之一。这一理论在论述北方民族和中原民族的政治结构和互动规律的时候，充分考虑了游牧生活和农耕生活的形成理由，重视自然环境和生计方式，提供了在牧区发现的农业社会考古证据。这种论述与拉铁摩尔（Owen Lattimore）和巴菲德（Alan Barfield）等人的生态人类学视野同等重要。费孝通还区分了"自觉"和"自在"两个概念，认为"中华民族作为一个自觉的民族实体，是近百年来中国和西方列强对抗中出现的，但作为一个自在的民族实体则是几千年的历史过程所形成的"（费孝通，1989：1）；并认为，没有"自在"这一前提，"自觉"是谈不上的。

最值得注意的，是他提出的认同"层次"说，即虽然"中华民族"和具体的民族都可以称为"民族"，但这不属于一个层次。在理解中国文明构架的意义上，"层次说"使"多元一体"理论超越了欧洲中心主义的"民族—国家"理论局限，与当代欧美人类学有关中国的研究有着鲜明的不同。用汪晖（2011：89）的话说："一些西方的历史研究和文化研究将精力花在以'多元'解构'一体'上，却很少研究这个'一体'的建构所具有的历史内涵和政治内涵，甚至没有意识到这个'一体'也包含了各少数民族的'一体性'和民族区域的'一体性'，从而也不可能了解所谓'一体'最终只能是'互为一体'——'跨体系社会'。"

融合派与建制派有关"民族政策"的激烈争论

从本世纪初开始，人类学界关于民族问题本身进行了长达十年的激烈争论，为中国学术界所少有（Leibold，2013；姚新勇，2014）。争论起始于北京大学教授马戎（2004）在《北京大学学报》上发表的《理解民族关系的新思路——少数族群问题的"去政治化"》一文，随后出版了英文版本（Ma，2007）。马戎认为，中国历史上承认民族存在文化差异，而近代中国的民族差异被大大政治化，效仿苏联的民族识别更是如此。民族的政治化曾直接导致了苏联解体，而美国在少数族群方面的政策导向是"文化化"的政策。中国应该借鉴自身历史和美国的经验，将现有的政治含义较强的"民族"转变为文化含义较强的族群。而在政治层面上，提倡公民身份，淡化族群身份，实现政治一体、文化多元的格局。

这一观点有几个主要假设：第一，认为苏联的失败与美国的成功，在一定程度上体现在对民族问题处理是否得当。这一观点当然是有商榷余地的，不能夸大民族政策在苏联解体中的作用，也不能将美国的民族政策视为"成功"，美国的民族政策甚至很难说不是政治化的。第二，认为新中国成立初期的中国民族政策基本采用了苏联模式。这一说法也不尽然，在宏观上，从周恩来1949年的政协讲话到1957年的青岛讲话，都说明从国家层面并没有采用苏联的加盟共和国自决模式，而采用了不允许各民族退出国家的"自治"模式（汪晖，2011：77–85）。费孝通等学者的反思也曾提及民族识别并未完全按照斯大林的民族定义展开，在实际操作中具有一定的灵活性。第三，将民族的政治身份视为一种可以操作的、有害的因素。然而，当代社会科学已不再将政治视为政府、党派、国家，而是将其视为人与人之间的权力关系。在这个意义上，"文化"同样是政治。将"政治"与"文化"分开，既不可能，或许也没必要。

总的说来，马戎认为民族区域自治制度在执行过程中存在一定缺陷，导致当下少数民族身份过度强化，致使多民族地区的社会问题有可能演变成民族间的矛盾。他的看法在一定程度上得到官员的支持，例如，时任中共中央统战部副部长撰文说，应该讨论民族融合的问题，不再增设民族自治地方，减少简单的优惠政策，去掉身份证上的民族项目。与此同时，学者胡鞍钢与胡联合（2011）在《新疆师范大学学报》上提出了"第二代民族政策"的概念，主张以民族融合取代民族识别。两位作者的结论是世界上只存在两种民族政策模式："大熔炉"或者"沙拉盘"。采取后者的苏联因此解体，采取前者的巴西、印度、美国则基本成功。这类的主张虽然各不相同，但基本主张民族之间应走向融合，他们可以称为"融合派"。

针对这一系列看法，主要活跃在民族大学、民族研究机构的学者，发起了激烈的反驳。尽管他们并未形成一致的言论，但大致认为民族区域自治制度是处理中国民族问题的宝贵遗产，民族问题的恶化恰恰在于未能充分推行这一制度。由于这些人的主张倾向于维护业已成形的民族区域自治制度，因此可以称为"建制派"。"建制派"大致认为，从新中国成立初期的民族政策到《民族区域自治法》，含有大智慧。当下民族问题的根源，在于未能按照这一思路落实这套制度。当务之急是兑现承诺，强化自治权。例如，社科院民族研究所所长郝时远（2013）认为"去政治化"主张，建立在对苏联模式的误解上。其对世界民族政策的总结——"民族大熔炉"或者"民族大拼盘"的判断，并不符合实情。针对马戎的建议，张海洋（2011）的看法与之针锋相对。马戎认为中国民族问题的根源在于外国的民族概念和中国少数民族本身，而张海洋认为根源在于片面发展经济的政策所造成的复杂局势和现行国民教育内容对这种局势的无能为力。张海洋认为如果融合派建议得到采纳，将有可能破坏民族和谐。

政策研究并非人类学家的长处，马戎、郝时远、张海洋等人类学家所进行的论战，往往并未充分顾及操作性。相比之下，很少涉及民族问题的胡鞍钢则用一个"第二代民族政策"的概念吸引了各方面的注意。他的概念不仅掩盖了"去政治化"概念的复杂性，而且将其置入自己的论述，激起数十位中国资深人类学家倾力撰文驳斥，但这些人类学家却没有提出自己的概念，以至于哈佛大学的欧立德（Mark Elliott，2015）在民族政策辩论的时候，无法给反对者以一个恰当的标签。相比政策研究专家，参与民族政策讨论的人类学家难以充分顾及政策在实际操作层面上的复杂性。

但是，人类学家对于民族政策的参与，使得人类学作为一个整体发生了微妙的变化。由于民族政策的激烈讨论为近年来少有，人类学一下子从一个边缘学科进入了主流讨论的平台，在一定程度上甚至超过了中国传统主流学科的影响力。此时，正值中国的发展方式发生重大变化，中央提出了"一带一路"倡议和亚洲基础设施投资银行（AIIB）的计划。很多人类学家开始讨论学科的主流化问题。不少人认为，由于人类学对民族和境外社会的了解优于其他学科，人类学的发展机遇已经到来。作为一个以研究主流视野不重视的生活样态为主要责任的学科，人类学天生处于边缘地位。如果真的主流化，恐怕会影响人类学的反思力。

有关民族政策的争论实质，在于如何理解"民族"这一既成事实。争论各方在争论之前，都不约而同地专注于在西文中探索"民族"的含义，这也曾经是上世纪50—60年代中国人类学家所做的工作。马戎等学者一直试图用"族群"替代"民族"，显然是出于对"民族"含义过于模糊和复杂的考虑。但这一替代却很难实行，因为"民族"从形成话语到形成制度，已经成为一个异常复杂的中国本土概念，难以"挥之即去"。总之，无论争论各方的观点之间有多么大的差异，他们有关民族政策的论述，并没有触及"民族"这一概念自身在实际社会中的塑造力和生命力，而倾向于将之还原成某种理念的投射、某种设计的初衷，甚至过分简单地认为民族的现实问题都是理念和设计的后果。这显然是不够的。矛盾的地方在于，这一讨论本身强化了"民族"对当下中国的塑造力，其中包括对一个民族本真性的坐实。在这一点上，人类学家并没有置身于自我东方化的窠臼之外。

结论

虽然人类学作为一门学科曾在1952年被取消，但人类学的知识和方法却在民族识别工程中找到了栖身之处，也为1980年代以来人类学的恢复、复兴奠定了基础。人类学在民族的政治制度化中发挥了巨大作用，同时也在国家坐实的民族身份中继续开展研究。人类学在国家学科配置中的地位及其涉及的权力关系创造了独特的研究领域——人类学的民族研究。

改革开放初期的民族研究并没有成功地弥补政治上的民族与学术上的民族之间的断裂，但是在混合运用进化论、功能主义、社区研究等范式的方式中产生了丰硕的经验研究成果。上世纪末至本世纪初的新一代人类学学者致力于运用西方人类学理论，但他们也不断地质疑：民族是否能描述中国现实？费孝通"多元一体"学说得到国家认可，在1990年代以后成为中国民族景观的官方表述。该理论的原创性启发了大批研究，创造了中国人类学的独特研究领域。改革开放以来的民族研究核心之一是"融合派"与"建制派"之间的争论。这场争论起源于学界试图影响与参与政策制定。"融合派"关于民族去政治化的主张被"建制派"加以驳斥。尽管双方都没有在实际层面影响政策制定，但是从学科得到分派的资源来看，人类学的处境得到了改善，因为这证明了它对于重要的政治领域具有的潜在作用。

民族一词本身就是借用的，被用于翻译不同语言中的很多词。这个过程致使民族的模糊性和复杂性经常被简化成翻译导致的问题，其中也包括了对人类学中国化、地方化的不断追求（王建民等，1998）。但是，中国人类学的舶来性对于认识学科的性状很重要（潘蛟，2009a）。舶来的人类学继承了其不同起源地的问题、研究领域、方法论，民族就是这种移植所隐藏的问题之一。民族研究的意义在于：第一，人类学在制造民族中发挥了关键作用；第二，人类学持续在给定的范畴里生产知识；第三，产出的知识持续塑造、坐实了民族。因此，民族这个概念的历史也是学科的历史，对民族的研究导致了"民族"这一概念的本土化，一个塑造当代中国的核心概念。

参考文献

陈连开，1991，《怎样理解中华民族及其多元一体》，费孝通编《中华民族多元一体格局》，北京：中央民族大学出版社。

范可，2005，《"再地方化"与象征资本———一个闽南回族社区近年来的若干建筑表现》，《开放时代》第2期，第43-61页。

范文澜，2009（1954），《试论中国自秦汉时成为统一国家的原因》，载潘蛟编：《中国社会文化人类学/民族学百年文选》，北京：民族出版社。

费孝通、林耀华，2009（1957），《当前民族工作提给民族学的几个任务》，载杨圣敏、良警宇编，《中国人类学民族学学科建设百年文选》，北京：知识产权出版社。

费孝通，1980，《关于我国民族的识别问题》，《中国社会科学》第1期，第147-162页。

费孝通，1982，《谈深入开展民族调查问题》，《中南民族学院学报》第3期，第2-6页。

费孝通，1986，《江村经济》，南京：江苏人民出版社。

费孝通，1989，《中华民的多元一体格局》，《北京大学学报》第26卷第4期，第1-19页。

费孝通，1997，《简述我的民族研究经历和思考》，《北京大学学报》第34卷第2期，第4-12页。

费孝通编，1991，《中华民族研究新探索》，北京：中国社会科学出版社。

谷苞，1993，《中华民族多元一体格局赖以形成的基本条件》，《西北民族研究》第12卷第1期，第1–6页。

郝时远，2002，《Ethnos（民族）和Ethnic Group（族群）的早期含义与应用》，《民族研究》第4期，第1–10页。

郝时远，2013，《中国民族政策的核心原则不容改变》，金炳镐编《评析"第二代民族政策"说》，北京：中央民族大学出版社。

郝苏民，1999，《甘青特有民族文化形态研究》，北京：民族出版社。

郝瑞，2002，《再谈"民族"与"族群"——回应李绍明教授》，《民族研究》第4期，第36–40页。

和少英，1998，《"多元一体"格局题中应有之义》，《青海民族研究》第4期，第1–2页。

胡鞍钢、胡联合，2011，《第二代民族政策：促进民族交融一体和繁荣一体》，《新疆师范大学学报》，第32卷第5期，第1–12页。

胡联合、胡鞍钢，2011，《"民族大熔炉"和"民族大拼盘"：国外民族政策的两大模式》，《中国社会科学报》，10月20日。

黄光学、施联珠主编，2005，《中国的民族识别——56个民族的来历》，北京：民族出版社。

菅志翔，2006，《族群归属的自我认同与社会定义》，北京：民族出版社。

李绍明，2002，《从中国彝族的认同谈族体理论》，《民族研究》第2期，第31–38页。

李星星，2005，《论"民族走廊"及"二纵三横"的格局》，《中华文化论坛》第3期，第124–130页。

梁永佳，2012，《制造共同命运：以"白族"族称的协商座谈会为例》，《开放时代》第11期，第135–146页。

林耀华，2009（1963），《关于"民族"一词的使用和译名的问题》，潘蛟编《中国社会文化人类学/民族学百年文选》，北京：知识产权出版社。

林耀华，1984，《中国西南地区的民族识别》，《云南社会科学》第2期，第1–5页。

景军、郇建立，2010，《中国艾滋病研究中的民族和性别问题》，《广西民族大学学报》第6期，第28–34页。

麻国庆，2013，《南岭民族走廊的人类学定位及意义》，《广西民族大学学报》第35卷第3期，第84–90页。

马戎，1989，《重建中华民族多元一体格局的新的历史条件》，《北京大学学报》第26卷第4期，第20–25页。

马戎，2001，《评安东尼·史密斯关于"nation"（民族）的论述》，《中国社会科学》第1期，第141–151页。

马戎，2004，《理解民族关系的新思路——少数族群问题的"去政治化"》，《北京大学学报》第41卷第6期，第122–133页。

马戎，2009，《当前中国民族问题的症结与出路》，《民族社会学研究通讯》第51期，第10–18页。

马戎，2011，《21世纪的中国是否存在国家分裂的风险》，《领导者》第38、39期。

纳日碧力戈，2000，《现代背景下的族群建构》，昆明：云南教育出版社。

潘蛟，2009a，《自序：说中国人类学的舶来》，载潘蛟编：《中国社会文化人类学/民族学百年文选》，北京：知识产权出版社。

潘蛟，2009b，《解构中国少数民族：去东方学化还是再东方学化》，《广西民族大学学报》第31卷第2期，第11–17页。

潘蛟编，2009c，《中国社会文化人类学/民族学百年文选》，北京：知识产权出版社。

彭兆荣，2004，《旅游人类学》，北京：民族出版社。

石硕等，2014，《交融与互动：藏彝走廊的民族、历史与文化》，成都：四川人民出版社。

宋蜀华，2000，《认识中华民族构成的一把钥匙》，《中央民族大学学报》第3期，第25–26页。

汪晖，2011，《东西之间的"西藏问题"（外二篇）》，北京：生活·读书·新知三联书店。

王建民、张海洋、胡鸿保，1998，《中国民族学史》（下），昆明：云南教育出版社。

王明珂，2006，《华夏边缘：历史记忆与族群认同》，北京：社科文献出版社。

王明珂，2008，《羌在汉藏之间：川西羌族的历史人类学研究》，北京：中华书局。

王铭铭，2008，《中间圈——"藏彝走廊"与人类学的再构思》，北京：社科文献出版社。

翁乃群等，2004，《海洛因、性、血液及其制品的流动与艾滋病、性病的传播》，《民族研究》第6期。

徐杰舜，1999，《雪球：汉民族的人类学分析》，上海：上海人民出版社。

牙含章，2009（1962），《关于"民族"一词的译名统一问题》，潘蛟编《中国社会文化人类学/民族学百年文选》，北京：知识产权出版社，第115–126页。

杨堃，2009（1964），《关于民族和民族共同体的几个问题》，潘蛟编《中国社会文化人类学/民族学百年文选》，北京：知识产权出版社，第127–164页。

严汝娴、宋兆麟，1983，《永宁纳西族的母系制》，昆明：云南人民出版社。

姚新勇，2014，《中国大陆民族问题的"反思潮"》，《二十一世纪》第2期，第31–44页。

张海洋，2001，《"民族概念"与中国民族研究的可能范式》，《人文世界》第1期，第204–219页。

张海洋，2006，《中国的多元文化与中国人的认同》，北京：民族出版社。

张海洋，2011，《汉语"民族"的语境中性与皮格马利翁效应》，《思想战线》第4期，第
　　17–19页。

张江华，2007，《陇人的家屋及其意义》，载王铭铭主编：《中国人类学评论》第3辑，北京：
　　世界图书出版公司。

张兆和，2012，《在逃遁与攀附之间：中国西南苗族身份认同与他者政治》，纳日碧力戈、杨
　　正文、彭文斌编《西南地区多民族和谐共生关系研究论文集》，贵阳：贵州大学出版社。

赵家鹏，2012，《没有身份的民族》，《凤凰周刊》第9期，第30–33页。

赵旭东，2012，《一体多元的族群关系论要》，《社会科学》第4期，第51–62页。

周大鸣，2002，《中国的族群与族群关系》，南宁：广西民族出版社。

朱维群，2012，《对当前民族领域问题的几点思考》，《学习时报》，2月13日。

Elliott, Mark, 2015, "The Case of the Missing Indigene：Debate Over a 'Second–Generation'
　　Ethnic Policy." *The China Journal* 73：186–213.

Harrell, Stevan, 1995, "The history of the history of the Yi." In *Cultural Encounters on
　　China's Ethnic Frontiers*, edited by Stevan Harrell, pp. 63-91. Seattle：University of
　　Washington Press.

Leibold, James, 2013, "Ethnic Policy in China：Is Reform Inevitable?" Honolulu：East–
　　West Center.

Ma, Rong. 2007. "A New Perspective in Guiding Ethnic Relations in the 21st Century：'De-
　　politicization' of Ethnicity in China." *Asian Ethnicity* 8 (3)：199–217.

Scott, James, 1998, *Seeing Like a State*. New Haven：Yale University Press.

Tapp, N., 2002, "In Defense of the Archaic：a Reconsideration of the 1950s Ethnic
　　Classification Project in China." *Asian Ethnicity* 3(1)：63–84.

（作者单位：牛津大学国际发展系）

重估历史与文明：略论中国人类学对法国学术传统的继承

许卢峰　汲　喆

　　运用诞生于西方的理论与方法来描述和分析中国的社会现象，进而对既有的理论与方法形成批判性的反思、对熟知的现象形成崭新的理解，这是人类学这一外生性学科在中国发展的一个基本动力，也是人类学在中国实现本土化的基础性工作。一百多年来，由于所依据的理念和所关注的问题不同，中国人类学者已经形成了相当多样的研究传统。这些传统中最为人所熟知的，当属深受英语系人类学影响的"燕京学派"，即在1930年代至1940年代以北京燕京大学社会学系的吴文藻教授（1901—1985）及其多在英国、美国留学的弟子们——包括李安宅（1900—1985）、林耀华（1910—2000）、杨庆堃（1911—1999）等人——所形成的研究团体。他们重视对"社区"与"文化"的实地调查，尝试理解传统中国社会的"制度"与"功能"。新中国成立后，由于美国基督教会所办的燕京大学被关闭，社会学与人类学专业也相继从1950年代起被取消，"燕京学派"已不复存在。但是，由于这一学派在中国人类学建设之初的卓越贡献，也由于吴的弟子之一费孝通（1910—2005）[1]在1980年代之后的中国学术场域与政治场域中的特殊地位，"燕京学派"至今为人所乐道，相关的研究已经为数甚多。[2]然而，有关法语系人类学对中国人类学的影响，其

---

[1] 费是在西方最为人所熟知的中国人类学家，他主导了1980年代以后中国社会学与人类学的重建。他同时也是中华人民共和国的政治人物，1988—1998年曾任全国人民代表大会常务委员会副委员长。有关费的早期生活，见Arkush，1981。对费的学术贡献的一个简要评价，见Hamilton & Chang，2011：20-23。中国当代学者对费的纪念，见马戎，2009。

[2] 有关"燕京学派"的简介，见胡炼刚，2011。最近的一些更深入的讨论，参见杨清媚，2010，2015：103-133；张静，2017：24-30。

研究仍极为不足。[①]有鉴于此，本文将考察中国人类学发展的不同时期中的法国因素的传播、接受及其效果。当然，在中国，并不存在一个人类学的"法国学派"；在学术交流极为密切与开放的今天，几乎没有谁会固守某一特别来源的学术资源。但是，我们将要指出，法国因素，特别是其汉学与人类学、社会学和历史学的经典传统，确实对于中国人类学具有一种独特的建构作用，促使后者将对中国古代社会与当代社会的研究结合起来。在21世纪初，法国因素又在新的局势中，启发中国人类学者树立雄心，重新将"文明"确立为人类学理解中国与世界的基本范畴。

一、20世纪上半叶法国学术的引进

法国学者对中国的关注历史悠久，但直到20世纪初，才对中国展开科学意义上的田野考察。耶稣会教士桑志华（Emile Licent）和德日进（Pierre Teilhard de Chardin），在中国致力于搜集文物与古生物标本工作，足迹遍及大半个中国，行程数万里，收集到了众多人类学材料，并创建了北疆博物院。[②]沙畹（Édouard Chavannes）先后两次来华考察，收集了大量碑铭石刻、民俗资料，并尝试以社会学的意识对中国的宗教与道德加以解读。[③]但从严格意义上来说，他们的工作，更多地属于考古学的范畴，对中国人类学的影响是间接的。直到1920年代，一批中国留学生回国以后，才将当时的法国社会学与人类学带回中国。例如，1920—1924年间在里昂大学留学的许德珩（1890—1990），1929年翻译出版了涂尔干的《社会学方法论》。[④]当时同时担任北京大学与中法大学校长的蔡元培（1868—1940）为该译本作序，并推崇涂尔干所采用的比较研究法。1927—1931年间在巴黎大学留学的王力（1900—1986），则于1936年翻译出版了涂尔干的《社会分工论》。在这一时期，留法学习社会学、人类学的还有杨堃（1901—1998）、凌纯

---

① 有关法国社会学及年鉴史学在中国的传播，参见 Laurence & Liu, 2012：135-151；李勇，2006；樊江宏，2017：108-113。

② 今天津自然博物馆的前身。

③ 参见张广达，2008：134-175。

④ 最早为上海商务印书馆1929年版，列入王云五主编的《万有文库》。

声（1901—1981）、李璜（1895—1991）、卫惠林（1904—1992）、徐益棠（1896—1953）、杨成志（1902—1991）、柯象峰（1900—1983）、胡鉴民（1896—1966）、李维汉（1896—1984）等人，以及学习汉学、历史学的徐旭生（1888—1976）、方壮猷（1902—1970）和王静如（1903—1990）等人。他们日后在20世纪上半叶中国人类学教学与研究机构中发挥了重要作用。

这些留法学生回到中国后主要集中在北京和南京两地，并形成了两种不同的研究风格。在北京，杨堃、李璜、徐旭生等人推崇葛兰言（Marcel Granet）开创的汉学与历史学、民俗学相结合的研究。其中以葛兰言的学生、1930年在巴黎大学获得博士学位的杨堃对法国学术的介绍用力最勤。1932年，他发表了《介绍雷布儒的社会学学说》一文，概述了列维·布留尔（Lucien Lévy-Bruhl）对原始人心智的研究。他的《法国民族学之过去与现在》和《法国民族学运动之新发展》两篇文章，则是最早全面介绍法国人类学研究的中文文献。他于1938年发表的《莫斯教授的社会学学说与方法论》一文[1]，追溯了莫斯的学术背景、涂尔干对莫斯的影响，并且评介了莫斯的研究思想和方法论贡献。1943年则出版了《葛兰言研究导论》，系统推介葛兰言的研究方法。

另一部分人则以凌纯声等人为代表，他们在南京的中央研究院展开莫斯所倡导的民族学研究。凌纯声本人曾在莫斯的指导下，于1929年获得博士学位。回国后，他进入国立中央研究院社会科学研究所民族学组[2]工作。他曾前往地处中国东北的松花江下游地区，对当地的赫哲族人进行了历时三个月的田野调查（凌纯声，2012）；后来又前往湘西，考察苗族和瑶族的生活与社会（凌纯声、芮逸夫，2003）。与此同时，徐益棠、卫惠林等其他法国留学归来的学者，参考莫斯开创的民族学调查方法，结合自身的田野实践经验，编写了民族学及边疆问题调查研究的提纲和表格。1935年，中央研究院印行了凌纯声组织编写的《民族调查表格》，该表格分为23类共842个问题，全面收入与民族文化调查相关的种种问题，为在中国开展系统的民族学调查奠定了基础（参见胡鸿保，2006：54-58）。1937年，国民政府内政部曾拟举办一次全国范围的风俗调查，由凌纯声、卫惠林、徐益棠负责。调查项目包括生活习惯、社会组织、风俗、宗教、神话故事、职业制度等。此次调查

---

[1] 刊于《社会学界》1938年第10卷。
[2] 不久后该所与北平社会调查所合并，成为著名的中央研究院历史语言研究所。

意在突破以往研究者个体考察的局限，通过举办全国性的训练班来培训人员，进行大规模的系统调查。然而不幸的是，由于日本的全面侵华战争在这一年爆发，这次以莫斯的民族学方法为指导的、精细规划的调查并未能按计划实施。

需要指出的是，20世纪上半叶法国社会学与人类学在中国的传播并非一帆风顺。葛兰言的汉学人类学范式在中国尤其遇到了反弹。葛兰言原是巴黎高师历史系学生，后师从涂尔干和沙畹，又是莫斯的亲密朋友，可以说他身兼法国年鉴史学、年鉴社会学和汉学三个传统（Maurice，1975：624-648）。1920年代初，葛兰言作为巴黎大学教授、巴黎中国学院院长，绝大多数留法学习社会学、民族学的中国留学生都曾是他的学生，深受他的影响。然而，葛兰言以社会学—人类学视角解读中国古代文献的方法，却受到了一些中国历史学者毫不留情的批评。[①] 后者指责葛兰言对文献的误引错解，攻讦其所推断的历史并非事实，进而怀疑葛兰言的整个方法的适用性。事实上，当时的中国史学界无论新派旧派，都更欣赏语文学方法，而对社会学方法抱有强烈的怀疑态度。另一方面，在中国的第一代社会学家与人类学家们当中，多数人首先感兴趣的不是古代中国，而是现实社会状况，是将学术经世致用式地服务社区改造和解决民族存亡问题。正因如此，以吴文藻为代表的"燕京学派"专注于社会学在现实中的应用，强调中国农村社区的实地研究，这一取向取得了压倒性的优势。莫斯的民族学在中国同样命运多舛。抗日战争期间，出于国族保存和反分裂的需要，中国人类学的研究重心转向西部的民族和边疆，形成了"边政学"的热潮，虽然凌纯声、芮逸夫、杨堃等留法归国的学人也积极投身于边疆民族考察之中[②]，但由于法国传统对历史研究的偏向以及对民族多元性的坚持，他们在这场具有现实政治意蕴的学术运动中不占优势。到了1949年中华人民共和国成立后，人类学学科遭到了取消。1952年起全国院系调整，被视为"资产阶级学科"的人类学与社会学都遭受裁撤，取而代之的是苏联式的"民族学"，其主要工作是进行民族

---

① 有关中国学界对葛兰言成果的回应，参见杨堃，1997：107-141；王铭铭，2010a：5-11；李孝迁，2010：37-43。

② 参见王明珂，2019：79-96；又见田耕，2019：21-33。

识别与调查①，人类学作为一个学科在大陆的发展完全停滞下来②。这种情况一直持续到1970年代末。

二、20世纪末汉学人类学与历史人类学的兴起

1978年中国开始实行改革开放政策，人类学与社会学也逐步在中国重新获得了学术与政治的合法性。从1980年代初期开始，一些大学开始复建人类学系或人类学研究所。老一辈人类学家，终于迎来了学术生涯的新机遇，积极投入到学科重建当中。这时，杨堃从边陲省份云南回到北京。随后他发表了一系列有关法国人类学理论与方法的文章③，同时也着手培养年轻的博士生。然而，和社会学与人类学重建的主导人物费孝通相比，杨堃既没有费孝通那样显赫的地位，也不像费孝通那样有着"思想家"的宏大格局。④他对法国传统回归的呼吁未免显得人微言轻。

不过，1980年代中国社会特有的"文化热"，使得法国文学与哲学在中国青年一代中备受瞩目，形成了对相关著作的翻译与讨论的热潮。特别是对以萨特为代表的存在主义作品的翻译，深刻地影响了整个1980年代的青年学人。同时，被视为向存在主义挑战的结构主义思潮，也伴随着对列维-斯特劳斯的《结构人类学》和《野性的思维》等著作的节译传入中国。甚至包括被误译为格拉耐的葛兰言的《中国古代的祭礼与歌谣》译本，以及经由俄语转译而来的法国年鉴学派社会学家列维·布留尔的《原始思维》一书，都在1980年代的思想文化界大放异彩。从1980年代至1990年代初，上述这些法国当代学术观念，包括后现代主义，都成为在中国炙手可热的前沿思想。1990年代中后期，中国学界经历了李泽厚所

---

① 有关这种民族学及其后来的命运，参见本期阿嘎佐诗的文章。

② 1949年，杨堃选择留在大陆，而凌纯声、李璜、李玄伯等人随"中研院"迁往台湾岛，法国传统在台湾地区的人类学界继续发展了下去。但本文暂不讨论台湾的人类学的情况。相关研究，可参见王建民、张海洋、胡鸿保，1998：266–311。

③ 杨堃，1981：300–318；杨堃、张雪慧，1981：18–26。

④ 严汝娴在访谈中比较了杨堃与费孝通的区别，她认为，杨堃起的作用是一个学术的桥梁，沟通中外，介绍涂尔干学派等法国学术；而费孝通不是学者的层次，是思想家的层次，他做出的是思想家的贡献，是指导社会实践的。参见曾穷石，2008：140–164。

说的"思想家淡出，学问家凸显"的转变，对法国学术著作的译介更趋丰富和系统，其目标从思想接轨转入学科重建。

大约从1990年代末开始，法国社会学与人类学的经典作品被系统地介绍到中国。涂尔干的几乎所有重要作品，在汉语学界的涂尔干研究专家渠敬东的大力推动下，均被陆续译成中文，至2017年已汇编成十卷本。莫斯的《礼物》《论祈祷》等代表作，也在旅法学者汲喆和人类学家王铭铭的努力下，被引介入国内，"礼物交换模式"因而逐渐成为中国人类学家普遍关注和加以应用的法国理论资源。[①] 为了能够更加全面地引入法国学派的经典研究成果，从2018年起，汲喆与赵丙祥还联合主持了"涂尔干学派书系"译丛。至于结构人类学的鼻祖列维－斯特劳斯，他的几乎全部作品也都在近十年内被译成中文。伴随着路易·杜蒙（Louis Dumont）的《论个体主义》和《阶序人》的中译本出版，王铭铭、梁永佳、纪仁博（David Gibeault）、张亚辉等人都围绕这些作品展开过深入的讨论。[②] 此外，福柯、布迪厄、雷蒙·阿隆、克罗齐耶（Michel Crozier）、德勒兹、鲍德里亚等法国哲学或社会学家的作品也都有了系统的中译，对中国汉语人类学界都产生了重要影响。

与此同时，在《法国汉学》这一中文辑刊中，还翻译和发表了大量高质量的法文文章[③]，使国内学界开始熟悉康德谟（Maxime Kaltenmark）、谢和耐（Jacques Gernet）、施舟人（Kristofer Schipper）和劳格文（John Lagerwey）等法国汉学家结合历史学与社会人类学的汉学成果。至于民国时期冯承钧对法国汉学家伯希和的译介，以及他们所一脉相承的研究路径，也重新得到了重视，深刻影响了当前的中国西域边疆史地的人类学研究（郑鹤声，1994：1–12）。需要指出的是，除了对法国学术著作的译介之外，改革开放之后，一大批青年学子远赴重洋学习西方的人文社会科学。特别是在1990年代以后，赴欧美学习社会学与人类学的中国学生逐步增加。由于语言的问题，他们当中直接前往法国学习的人数还比较少，但有些学生在英语国家通过英语

---

① 对莫斯的理论引介方面，可参见王铭铭，2006：225–238；汲喆，2009：1–25。对"礼物交换范式"的应用方面，可参见赵丙祥、童周炳，2011：106–135。

② 围绕路易·杜蒙的讨论成果，主要发表在由王铭铭主编的《中国人类学评论》中。例如"在中国阅读杜蒙"专题中的若干篇文章，参见王铭铭，2010b：182–211。此外，在王铭铭主编的《20世纪西方人类学主要著作指南》中，也有梁永佳和张亚辉分别为《阶序人》与《论个体主义》撰写的评论文章。

③ 特别是法国汉学对中国宗教的研究，参见《法国汉学》丛书编辑委员会，1999。

也接触到了法国传统。在上述背景下，中国人类学本土化的最新一轮努力，在很大程度上受益于法国学术资源，并由此催生了两个新的潮流，一是"汉学人类学"，二是"历史人类学"。

"汉学人类学"早就存在，但是，对这一研究范式在认识论层面上的反思则应归功于目前中国最重要的人类学家之一——王铭铭。他于1997年从英国留学归来后在北京大学任教，率先提出了"汉学与社会人类学"（王铭铭，1998：23-45）与"汉学人类学与中国研究"（王铭铭，1997b：106-125）的议题。在他看来，汉学人类学是功能主义的民族志方法和社会结构理论被引入对中国社会的研究之后的产物，其所提出并尝试解决的问题在于：人类学如何从研究简单社会转向研究中国这种复杂的文明社会？（王铭铭，1997a：10-13）在一定程度上，汉学人类学可以弥补以吴文藻、费孝通等学者为代表的"燕京学派"所推行的"社区研究法"的不足。"社区研究法"从现实生活中的社会组织和乡村社区的微观社会学研究出发，来理解复杂的中国社会。但是，正如英国人类学家利奇所质疑的那样，"诸多村庄田野的集合能否代表整个中国"？（Leach，1982：124-127）另一位英国人类学家弗里德曼则认为，这种"民族志化的社会学"有去历史化的倾向，他给出的解决方案就是将法国涂尔干学派的传统，也就是葛兰言式的汉学研究接进英国功能主义传统中。受到弗里德曼的深刻影响，王铭铭也在法国学术传统中寻找资源，尝试解决弗里德曼所说的中国的人类学研究的"去历史化"问题。一方面，他致力于推动将莫斯和葛兰言的研究译成中文；另一方面，他也多次撰文，强调要理解中国这样一个历史悠久、历史意识浓厚的复杂社会，人类学必须特别关注社会构成和文化模式与历史之间的关系，考察中国人的"主观历史""客观历史"以及各种总体性事实。王铭铭注意到，莫斯在《礼物》等研究中所采用的"历史连贯"的叙事方式，也就是将"古式社会"看作是现代社会的史前史加以发现；葛兰言的研究则更进一步，认定中国古代节庆为上层社会礼仪的起源，从而把握了中国社会文明化的历史进程的总体特征（王铭铭，2006：225-238）。王铭铭认为，葛兰言的研究不仅是汉学与人类学的结合，也是对涂尔干式的社会超验观念和莫斯式的社会关系概念的一个很好的综合。在他的推动下，葛兰言在被介绍到中国七十多年以后，又被人类学家们重新发现并加以肯定（王铭铭，2007：121-157；赵丙祥，2008：171-177；吴银玲，2011：180-187）。

至于"历史人类学"，正如这一概念所显示的那样，更鲜明地提出在人类学中注入历史的维度。"历史人类学"一词实出自法国年鉴学派第三代主将勒高夫，用来指称"史学、人类学和社会学这三门最接近的社会科学合并成一个新的学科"（Le, Goff, 1998：35）。在中国，近年来历史人类学的成果相当丰富。[①]其中不能不提的是被称为"华南学派"的一批研究地方社会的优秀学者的研究。"华南学派"的代表人物包括陈春声、刘志伟和郑振满等人，他们与海外学者科大卫（David Faure）、萧凤霞（Helen Siu）和丁荷生（Kenneth Dean）合作，利用地方民间文献，结合田野调查，书写文化民族志，重建帝国晚期以来的华南和东南地区的乡村宗族、社会、经济与信仰。"华南学派"有自己的思想来源，即傅衣凌和梁方仲的社会经济史研究（科大卫，2005：21-36）。他们的问题意识也是本土化的，即近现代中国国家与地方社会之间相互建构的复杂关系（科大卫，2016：21-23）。但是，在理论视角和研究方法上，他们兼收并蓄地吸收了法国年鉴史学的成果，使得"历史人类学""日常生活史""微观史学"等法国观念在中国的华南人类学研究中落地生根。"华南学派"同时还影响了北方学界赵世瑜、常建华等人主导的社会史研究（参见赵世瑜，2015：43-53；常建华，2013：17-22）。

三、21世纪：迈向文明的人类学

需要注意的是，汉学人类学和历史人类学虽然都力图重建中国人类学中的历史维度，但是二者对于"历史"与"人类学"这两种学科的组合方式有着不同的取向。简单地讲，正如张小军所指出的那样，汉学人类学是"历史化的人类学"，而"华南学派"的"历史人类学"则是"人类学化的史学"（参见张小军，2013：1-28）。"华南学派"的成员主要是历史学家，他们的工作，在一定程度上就是1960年代以来一些史学家所标举的"人类学转向"。[②]这种转向一方面表现为他们在历史学研究中运用了人类学的观念和方法，其关键词包括"结构过程"（structuring）（刘志伟，2003：54-64）、"礼仪标识"（significant ritual marker）（科大卫等，2010）等；另一方面，则表现为对下层平民日常生活世界的关切，以及从处于边缘的地方社会出发

① 参见本期张亚辉的文章。
② 相关情况可参见萧凤霞，2001：181-190；程美宝，2016：128-140。

理解权力中心的视角。这种史学是对以研究典章制度为中心的传统史学的反动。不过，这种历史的目的地并不是人类学。事实上，我们从法国年鉴学派的后期发展就可以看到，重新回到政治史，也许是人类学化了的史学的宿命（Burke，1990：89-93）。最近十几年间，随着对"华南学派"的"碎片化"和"内卷化"的反思逐渐增多，作为应对，其内部也提出了要"告别华南"，放眼全国乃至世界的呼声（科大卫，2004：9-30），以期以地方社会为中心的历史人类学，能够与世界史（world history）或全球史（global history）形成有意义的联结。

作为历史化的人类学的汉学人类学同样面临挑战。汉学人类学的宗旨是"要把中国或者汉人社会当作一个有历史的他者来看待，并怀揣着建立某种源自中国经验又具有普遍意义的理论范式的企图"（黄向春，2013：135）。但是，中国是一个充满异质性的共同体，而人类学长期以来以中国境内的少数族群，特别是以非汉语系族群为主要研究对象的传统使之对于这种异质性极为敏感。受到东方学和民族国家双重话语的影响，汉学——它在中文通常被理解为对"汉语传统"的研究——的主体似乎只是汉民族。那么藏学、蒙古学、苗学等种类的区域人类学应该置于何处？（黄向春，2013：137）就此而言，"汉学人类学"可否承担起作为"中国社会"的人类学研究的重任，能否反映出中国社会的多样性？此外，汉学人类学与汉学本身的区别在哪里也是有待厘清的问题。汉学人类学的提出者王铭铭曾指出，目前汉学人类学与传统汉学之间的差异并不鲜明，通常汉学人类学的作品均发表在汉学研究的刊物中，并没有得到一般社会人类学界的关注（王铭铭，1997a：19）。换言之，核心问题在于：汉学人类学到底能为人类学做什么样的贡献？

近年来，王铭铭陆续发表了一系列有关"文明"的论述[1]，在一定意义上，可以说代表了他为超越既有的"汉学人类学"和"历史人类学"所做出的努力。而以莫斯为代表的法国经典人类学，则为他的论述提供了核心的理论资源。

王铭铭曾考察了多种对文明的人类学理解及其所面临的问题。最终，莫斯和涂尔干1913年所发表的《论文明的观念》和莫斯1929所发表的《文明：要素与形式》两个文本得到了他的高度赞赏。尤其是，后文中莫斯有关文明是"一

---

[1] 具体可参见王铭铭，2010c：1-53；2011：41-55。

种统摄各种社会体系的超社会体系"（une sorte de système hypersocial de systèmes sociaux）的说法，启发他运用"超社会体系"（supra-societal system）一词来提领他对整个"文明人类学"的思考。[①]根据这种概念，文明是一个跨社会现象，是不同社会之间相互借用、影响和共享而形成的、既包含物质性特征又包含精神性因素的区域性体系。"超社会体系"的文明理论有两个直接的目标。一方面是试图使研究的视野超越一般的民族志和社会学的个案研究，后者通常圈定某一个具体的社会作为研究对象；另一方面，则是为了使人类学避免唯一化的"世界"概念的陷阱。王铭铭指出，文明大于部落和国族，但是并不需要一种世界体系来维持；同时，一个国族也必然包括来自不同文明的要素。因此，文明并不等同于政治经济学意义上的世界，而且文明一定是复数的，不能归结为一个单一的世界，更不以世界的唯一化为目的（王铭铭，2015：2）。王铭铭对文明的思考其实有迹可循。首先，人类学如何处理像中国这样一个有着悠久的书写历史、复杂的国家制度的大型社会，多年以来一直是个悬而未决的问题。文明人类学就是对这一问题的一个回答，它将社会之间的关系以及各种物质和精神要素的跨社会的杂糅与融和作为研究主题。其次，从地方社会出发得到的研究成果，如何能够在全球化时代建构出对更广泛的"世界"的理解，一直困扰着人类学家们。新进化论、结构主义等等均在努力将社会共同体与世界连在一起，而一些极端的看法则认为只有社会才是德性的基础，世界只是一个虚构。文明人类学建议一种中间道路，它拒绝个体社会与单一世界的二分法，提醒我们注意人类世界的复数性以及每个世界内部的多层次和多界限。最后，作为个体社会与世界之间的中间视域，文明是由"历史"建构起来的。这就为人类学充分回收历史学和古典学知识、建构"连贯叙事"开辟了道路，为历史人类学与汉学人类学提供了新的认识论基础。

为了能够将这种文明人类学落实到中国研究中，王铭铭提出了"三圈说"以描述中国：作为核心圈的汉人社会、作为中间圈的少数民族地区和作为外圈的海外社会。这三圈的地理界限并不固定，其中外圈尤其含糊，它可以是长城之外，也可以是海疆之外，如日本、韩国、东南亚地区（王铭铭，2013）。王铭铭认为，只有在历史的长时段中理解三圈内部关系和它们相互之间的关系，才能理解中国

[①] 王铭铭近年来有关文明的研究已经结集出版，即《超社会体系：文明与中国》，北京：生活·读书·新知三联书店，2015。参见本期对该书的书评。

文明中"神话—宗教—礼仪"的多元格局。王铭铭将这种对中国文明的人类学研究直接归功于葛兰言，正是后者"华夏世界"的观念（参见葛兰言，2012），启发了当代中国人类学家们关注中国疆域内的文化复合性。"三圈说"丰富了"华夏世界"的内涵，旨在帮助人类学家克服种种政治经济学上的二元论对中国的解释，这些二元论将华夏世界内部的复杂关系体系化约为经济基础／上层建筑、中央／地方、大民族／小民族、中／外等矛盾。在具体的田野工作中，王铭铭带领其学生把田野工作的重点转向中国西南地区，关注作为"中间圈"的藏彝走廊（王铭铭，2008a），以便弥补"汉学人类学"与"历史人类学"长期关注东南的宗教与宗族所造成的研究对象单一性与汉人中心主义，尝试在中国东南地区研究与西南地区研究之间建立学术纽带（王铭铭，2008b：32-54）。

目前，虽然我们不能说这种"文明人类学"及其"三圈说"已经成为普遍的共识，但无法否认的是，它们是目前中国人类学中最值得重视、最具潜力（féconde）的一种趋势。在有关核心圈的研究中，汉学人类学中原来常见的社区、宗族、区系（région）、仪式等主题，可以在"文明"的问题意识下，被置于更为广泛的多层次的社会间的关系中，以使局部与整体的复杂关联被展现出来。对中间圈的少数民族与边疆的研究，则可以摆脱民族国家或"边缘—中心"视角，进而强调文明要素在一个更大的"文明体"内的流动关系。这种看法已经激发了一些新的研究（例如胡锐，2017：49-52）。而且，不仅是西方汉学，同样具有人文学和古典学色彩的藏学、苗学等研究传统，也都可能成为人类学的对话对象。近年来如火如荼的海外民族志研究，也就是对各大洲的海外华人社会及非华人社会的研究，则可以看作是从中国出发理解文明外圈的工作。[①]总的来看，"文明人类学"代表了中国人类学中最新一轮的综合："汉学人类学"与"历史人类学"的综合、法国传统与英美传统的综合、对华人社会与对非华人社会的研究的综合。

应该说，"文明"并不是人类学的新概念。事实上，由于这一概念在早期人类学中所蕴含的进化论的意识形态，一些西方人类学家已经抛弃了这一概念，并倾向于使用"文化"这一显得中立而且容易应用到具体个案中的概念。王铭铭在重新采用莫斯的文明概念时，也非常清楚这一概念在20世纪初的法国与当

---

① 参见王建民，2013：18-27，以及本期中陈波的文章。

时的德国民族学中的"文化"概念其实有某种竞争关系。王铭铭本人的"文明"观念，大体上只保留了其描述性，而祛除了其规范性，将文明视同一种人文空间。当然王的"文明"观念也其有政治意蕴，这包括对于民族国家和世界体系的相关论述的不满，也包括对于中国的性质和中国在世界中的位置的重新勘定。王曾经使用过儒家传统中的"天下"概念，将其视为可以中和西方中心主义和文明冲突论的中国资源（Wang Mingming，2000：65-80；王铭铭，2004：3-66）。不过，最终他似乎更倾向于使用"文明"这个在汉语语境中更为中性的概念作为他理解中国和世界的性质的切入点，以避免"天下"可能带有的中国中心论色彩或规范性意图所引起的争议。①

---

① 对"天下"概念在当代中国的政治意涵的一个简要分析，参见Ji Zhe，2008。法语世界有关这一主题的最新讨论，见Dubois de Prisque，2017。尽管我们批评部分关于"天下"的论述中隐含着中国中心论，但我们仍认为这一概念对于建构一种真正的世界主义cosmopolitisme可以做出重要贡献，详见Ji Zhe，2013：47-66。

结语

杨堃曾在1943年指出："一个中国的社会学者，若不能利用中国旧有的史料，或对中国的文化史如没有一个清晰的概念，或再具体一点来说，若不能仿效葛兰言，用社会学的方法去研究中国的文化史与中国的现代文化，那他还能称作中国的社会学家吗？"（杨堃，1997：110-112）这个呼唤，终于在20世纪末得到了新一代人类学家的倾听。"历史"与"文明"这两大范畴被召唤而来，在时间和空间两个向度上丰富了人类学对于中国和世界的理解能力。

在这个尚在进行的学术更新过程中，以葛兰言和莫斯为代表的法国因素得到重视绝非偶然。葛兰言的研究——正如法国历史学家白尔（Henri Berr）在为其《中国文明》所写的"序言"中所指出的那样——要表述的是"中国的独特性"（l'originalité de la Chine）（Berr，1929）。而莫斯有关文明的理解，则体现了特殊主义与普遍主义的巧妙综合。揭示出这一点，我们或许就能够理解当代中国人类学家们的期待。

参考文献

胡鸿保编，2006，《中国人类学史》，北京：中国人民大学出版社，第54-58页。

曾穷石，2008，《人类学家严汝娴教授访谈录》，《中国人类学评论》第6辑，北京：世界图书出版公司，第140-164页。

常建华，2013，《历史人类学应从日常生活史出发》，《青海民族研究》第4期，第17-22页。

程美宝，2016，《当人类学家走进历史——读萧凤霞：〈踏迹寻中：四十年华南田野之旅〉》，《二十一世纪》12月号，第128-140页。

《法国汉学》丛书编辑委员会编，1999，《法国汉学》（第四辑），中华书局。

樊江宏，2017，《法国年鉴学派在中国的两种对立形象》，《扬州大学学报（人文社会科学版）》第1期，第108-113页。

葛兰言，2012，《中国文明》，杨英译，北京：中国人民大学出版社。

胡炼刚，2011，《中国社会学史上的"燕京学派"》，《中国社会科学报》，2月24日。

胡锐，2017，《法国汉学与人类学的交叉——以华南跨境少数民族宗教的研究为例》，《世界宗教文化》第5期，第49–52页。

黄向春，2013，《"流动的他者"与汉学人类学的"历史感"》，《学术月刊》第1期，第135页。

汲喆，2009，《礼物交换作为宗教生活的基本形式》，《社会学研究》第3期，第1–25页。

科大卫，2004年，《告别华南研究》，华南研究会编，《学步与超越：华南研究会论文集》，香港：文化创造出版社，第9–30页。

科大卫，2005，《人类学与中国近代社会史：影响与前景》，《东吴历史学报》第14卷，第21–36页。

科大卫，2016，《"大一统"与差异化——历史人类学视野下的中国社会研究》，《民俗研究》第2期，第21–23页。

科大卫等，2010，中国香港地区卓越学科领域计划（Area of Excellence）项目"中国社会的历史人类学研究"计划书。

李孝迁，2010，《葛兰言在民国学界的反响》，《华东师范大学学报》第4期，第37–43页。

李勇，2006，《年鉴学派在中国的传播和影响》，"走向世界的中国史学"国际学术研讨会。

凌纯声，2012，《松花江下游的赫哲族》，北京：民族出版社。

凌纯声、芮逸夫，2003，《湘西苗族调查报告》，北京：民族出版社。

刘志伟，2003，《地域社会与文化的结构过程——珠江三角洲研究的历史学与人类学对话》，《历史研究》第1期，第54–64页。

马戎等编，2009，《费孝通与中国社会学人类学》，北京：社会科学文献出版社。

田耕，2019，《中国社会研究史中的西南边疆调查：1928—1947》，《学海》第2期，第21–33页。

王建民，2013，《中国海外民族志研究的学术史》，《西北民族研究》第3期，第18–27页。

王建民、张海洋、胡鸿保，1998，《中国民族学史（下卷）1950—1997》，昆明：云南教育出版社，第266–311页。

王明珂，2019，《民族与国民在边疆：以历史语言研究所早期民族考察为例的探讨》，《西北民族研究》第2期，第79–96页。

王铭铭，1997a，《社会人类学与中国研究》，北京：生活·读书·新知三联书店，第10–13页。

王铭铭，1997b，《社会人类学的中国研究——认识论范式的概观与评介》，《中国社会科学》第5期，第106–125页。

王铭铭，1998，《汉学与社会人类学——研究范式变异的概观与评介》，《世界汉学》第1期，第23-45页。

王铭铭，2004，《作为世界图式的"天下"》，赵汀阳主编，《年度学术2004》，北京：中国人民大学出版社，第3-66页。

王铭铭，2006，《物的社会生命？——莫斯〈论礼物〉的解释力与局限性》，《社会学研究》第4期，第225-238页。

王铭铭，2007，《从礼仪看中国式社会理论》，《中国人类学评论》第2辑，北京：世界图书出版公司，第121-157页。

王铭铭，2008a，《中间圈——"藏彝走廊"与人类学的再构思》，北京：社会科学文献出版社。

王铭铭，2008b，《东南与西南——寻找"学术区"之间的纽带》，《社会学研究》第4期，第32-54页。

王铭铭，2010a，《葛兰言何故少有追随者？》，《民族学刊》第1期，第5-11页。

王铭铭主编，2010b，《中国人类学评论》第15辑，北京：世界图书出版公司，第182-211页。

王铭铭，2010c，《超社会体系——对文明人类学的初步思考》，《中国人类学评论》第15辑，北京：世界图书出版公司，第1-53页。

王铭铭，2011，《再谈"超社会体系"》，《西北民族研究》第3期，第41-55页。

王铭铭，2013，《三圈说——另一种世界观，另一种社会科学》，《西北民族研究》第1期。

王铭铭，2015，《超社会体系：文明与中国》，北京：生活·读书·新知三联书店。

吴银玲，2011，《杨堃笔下的葛兰言——读〈葛兰言研究导论〉》，《西北民族研究》第1期，第180-187页。

萧凤霞，2001，《廿载华南研究之旅》，《清华社会学评论》第1期，第181-190页。

杨堃，1938，《莫斯教授的社会学学说与方法论》，《社会学界》第10卷。

杨堃，1997，《葛兰言研究导论》，《社会学与民俗学》，成都：四川民族出版社，第107-141页。

杨堃，1981，《论列维-斯特劳斯的结构人类学派》，《民族学研究》（第一辑），第300-318页。

杨堃、张雪慧，1981，《法国社会学派民族学史略》，《民族研究》第4期，第18-26页。

杨清媚，2010，《最后的绅士——以费孝通为个案的人类学史研究》，北京：世界图书出版公司。

杨清媚，2015，《"燕京学派"的知识社会学思想及其应用——围绕吴文藻、费孝通、李安宅展开的比较研究》，《社会》第4期，第103–133页。

张广达，2008，《沙畹——"第一位全才的汉学家"》，《史家、史学与现代学术》，桂林：广西师范大学出版社，第134–175页。

张静，2017年，《燕京社会学派因何独特？——以费孝通〈江村经济〉为例》，《社会学研究》第1期，第24–30页。

张小军，2013，《史学的人类学化和人类学的历史化——兼论被史学"抢注"的历史人类学》，《历史人类学学刊》第1卷第1期，第1–28页。

赵丙祥，2008，《曾经沧海难为水——重读杨堃〈葛兰言研究导论〉》，《中国农业大学学报》第3期，第171–177页。

赵丙祥、童周炳，2011，《房子与骰子：财富交换之链的个案研究》，《社会学研究》第3期，第106–135页。

赵世瑜，2015，《我与"华南学派"》，《文化学刊》第10期，第43–53页。

郑鹤声，1994，《冯承钧对中国海外交通史、中外关系史研究的贡献》，《海交史研究》第1期，第1–12页。

Arkush, R. David, 1981, *Fei Xiaotong and Sociology in Revolutionary China. Cambridge*, MA：Harvard University Press.

Berr, Henri, 1929, "Avant–propos", dans *La Civilisation Chinoise*, Paris, La Renaissance du Livre.

Burke, Peter, 1990, *The French Historical Revolution*：*Annales School, 1929—1989*. Cambridge, Polity Press, pp. 89–93.

Dubois de Prisque, Emmanuel, 2017, "Tianxia：la mondialisation heureuse？" *Monde chinois*, nouvelle Asies, n°49, pp.5–54.

Freedman, Maurice, 1975, "Marcel Granet, sinologue et sociologue." trad. par P. Y. Petillon, Critique 337, pp. 624–648.

Hamilton, Gary & Xiangqun Chang, 2011, "China and world anthropology：A conversation on the legacy of Fei Xiaotong（1910—2005）." *Anthropology Today*, 27（6）, pp. 20–23.

Ji Zhe, 2008, "Tianxia, retour en force d'un concept oublié. Portrait des nouveaux penseurs confucianistes." *La Vie des Idées*, le 3 décembre, http：//laviedesidees.fr/Tianxia-retour-en-force-d-un.html.

Ji Zhe, 2013, " Return to Durkheim: Civil Religion and the Moral Reconstruction of China." *Durkheim in Dialogue: A Centenary Celebration of "The Elementary Forms of Religious Life"*, edited by Sondra L. Hausner. Oxford: Berghahn Books, pp. 47-66.

Laurence, Roulleau-Berger & Liu Zhengai, 2012, "La théorie de la religion de Durkheim et la sociologie chinoise." *Archives de sciences sociales des religions*, n° 159, pp. 135-151.

Le Goff, Jacques, 1988, "L'histoire nouvelle", dans *La Nouvelle Histoire*, Paris: Editions Complexe, p.35.

Leach, Edmund, 1982, *Social Anthropology*. Fontana Paperbacks, Oxford: Oxford University Press, pp.124-127.

Wang Mingming, 2000, "Le renversement du Ciel. De l'Empire devenu une nation, et de la pertinence de la compréhension réciproque pour la Chine." *Alliage* n°45-46, Décembre, pp. 65-80.

（作者单位：法国国立东方语言文化学院）

后记：从关系主义角度看

王铭铭

学科恢复重建四十年来，中国人类学诚然一直趋于繁荣。然而，它是否起到了真正的知识激发作用？是否取得了如此重要的突破，以至于我们有理由称之为"中国的新人类学"（这一特辑的标题）？对于我们的西方同事而言，它是否真的有如此大的创造性，以至于在西方社会科学的主场中工作的学人，也必须做好迎接它的准备，必须视之为对世界民族志学宝库的重要贡献？

在那些依托美式"四大分支神圣模式"来重建人类学的大学中（如中山大学），体质、语言和考古人类学仍继续得到研究和教习。然而，在多数其他教学科研机构中，人类学主要指对社会和文化的民族志研究。在这个意义上的中国人类学中，近几十年已有许多优秀的当代问题研究，涉及城市化、移民、医疗、环境问题、艺术、灾害、旅游、景观、遗产等。

虽则如此，本卷文章的作者们并没有讨论上述新课题。与此相反，他们关注的是一组不那么新颖的课题[①]，包括历史（张亚辉）、文明（许卢峰和汲喆）、宗教（梁永佳）、民族（阿嘎佐诗）和海外社会（陈波）。对于那些更愿意追寻新时尚和"新出现的现实"的人而言，这些课题似乎过时了。但这一特辑的作者们认为，对于学科的演进而言，重新思考这些老课题，意义更为根本。

这一特辑所收录的述评有个共同任务，即，总结上述几个重要领域的近期成就，并着重认识它们的创新性。要知道，这些述评的作者们并不是中国人类学的局外人，他们不是在远处观望，也不耽于浪漫幻想；作为局中人，为了增强其所

[①] 他们的做法是有着充分理由的：大多数对新课题的研究，要么是为了跟随不断变化的西方——尤其是美国——学术时尚而从事的，要么是为了功利地完成国家社会科学"建设"或"挽救"项目而展开的，它们很少深入研究学科的认识论和政治性问题。

在学科的知识力量，他们必须有所批评，或者说，有所自我批评。

从历史到文明

我们从人类学中的中国史研究说起。

张亚辉在他的述评中讲述了这些研究的发展过程。他在文章中谈到，一批专注于地方研究的历史学家们最早开始将他们的学科与人类学结合起来。他们（如郑振满、陈春声、刘志伟、刘永华）几乎都来自南方的大学，专门研究传统（帝国）晚期的中国历史。他们与其国外同事们（如丁荷生[Kenneth Dean]、科大卫[David Faure]和萧凤霞[Helen Siu]）一道，采用了如"家族/宗族""民间宗教/信仰/仪式"等人类学概念，以探讨乡民士绅化和士绅庶民化这两种"文明进程"。

自上世纪90年代初以来，越来越多的学者开始往返于历史学与人类学之间。前面提到的历史学家们继续基于文献（不少是田野工作中搜集而来的"民间文献"）展开地方研究，与此同时，另一批人类学家（包括我自己在内）则转向了历史民族志。在研究地方世界的社会生活、文化和行动主体时，他们发现中国各地的"地方性知识"是高度历史性的，而这一"历史性"是指"过去中的过去和现在中的过去"两种含义里的"先前性"。因此，他们不仅试图追溯前现代中国的"文明进程"的轨迹（Wang Mingming 2009），同时也密切关注着"文明"的核心矛盾，即，地方社群中"后传统"（post-traditional）的民族国家文化政治的拓殖，与当地"落后"民间传统的复兴，此二者之同时展开。

此外，在中国考古学和古代史研究中，也存在一定的人类学追求。沿着这一路径，越来越多的考古学家、历史学家和人类学家逐渐形成了一种对史前宇宙观及其从新石器晚期向早期"王朝"阶段转变的理解。

当今中国学界，几种历史人类学同时兴起，它们各有特色。虽则如此，"纵向"的关系仍然被认为是这些不同路径的共同关怀。既有的历史人类学研究都集中关注社会文化要素在高等文化与"低等文化"之间自上而下或自下而上的循环（自上而下即"庶民化"，自下而上即"士绅化"），以及地方文化对中央政权的现代性"帝国"的回应，还有中国古代早期政治文化的变迁。

和西方的中国人类学研究一样，国内大多数研究都围绕着中国的"核心"群体（民族学所定义的"汉族"）展开，并一致关注着这样一个事实，即，这一"社会"被整体纳入到一个大型国家之中；尽管历经了种种历史变化，这个国家的文明观念和广义的权力合法性仍旧继续绵延着（Bruckerman & Feuchtwang，2016：268）。他们还十分敏锐地强调了文化"阶级关系"中的"纵向性"。

然而，由于其视野局限于我称之为"核心圈"的区域，大部分使用汉语的历史人类学者不可避免地遗忘了"其他中国"（Litzinger，2000），这些也就是所谓"民族地区"的非汉族群体。这些地区和群体是"多元一体"之中国的组成部分，通过与核心圈及边疆以外的族群之间的长期互动，在东亚大陆的历史中扮演了重要的角色。

我们若是将这些互动归类为"横向关系"（即，那些共在的地区、社群、"文化"和宗教之间的、跨越更广阔地理空间的互动）的一部分，那么，关于这些互动，我们还有很多研究工作需要做。

正如我所表明的，为了进行这类研究，马塞尔·莫斯（Marcel Mauss）所提出的"文明现象"（Mauss，1929/1930［2006］：57–71）的观念至关重要，它可谓是对进化理论和国族观念的反动，因它主张，社会现象"是许多社会共有的，且或长或短地存在于这些社会的过去"（王铭铭，2015a：59–60）。

许卢峰和汲喆的文章主要涉及中国人类学中的法国因素，在文章中，他们扼要叙述了社会学年鉴学派在中国传播的历史，接着花了好几页的篇幅讨论中国人（包括我）对莫斯"文明"概念的运用。许卢峰和汲喆指出，中国的文明人类学（对此，承蒙他们述评了我的贡献）在知识上与法国学派紧密相连，它最初是基于葛兰言对中国历史的创新性研究（Granet，1930），但最终形成了一种更广泛的综合。它的概念基础仍然是葛兰言对中国的关系宇宙观与西方权力理论的比较，但它同时也从莫斯、梁启超、吴文藻、欧文·拉铁摩尔、费孝通以及许多中国民族学先驱的作品中得到了启迪。这个"文明人类学"根据历史和民族志的经验重构了"中国文化"的概念，使其成为一个更加复杂和动态的系统，称为"三圈"（核心圈、中间圈和外圈）。在这一综合中，中国文明被呈现为一个并没有那么受限、内部多样化、与外部相关联的世界。

在这样一个被重新定义的文明整体中，中国被再现为一个动态的社会世界，不同的"核心区位"、民族和宗教，相互之间有着复杂关系。要认识这一"超社会"体系，仅对"纵向"关系加以考察是不够的，我们还应对"横向"的圈子和网络加以综合研究（王铭铭，2015）。

宗教和民族问题

与各种关系视角得以在"文明"的概念下综合的同时，中国人类学涌现了一大批关于宗教和民族的新研究。出于对片面的"纵向"叙事之不满，"汉学人类学"在晚近阶段产生了自我反思，但这一点并没有被从事宗教和民族研究的人类学家认真考虑，这或多或少是自然而然的，因为他们的研究通常早已超出了"华夏世界"的范围。有一点也不令人惊讶，尽管宗教和民族问题与莫斯的"文明现象"概念密切相关，但很少有中国人类学家从这个角度来考察它们。

那么，中国新出现的宗教和民族人类学是什么样的？在介绍1980年代以来汉语历史人类学研究和域外人类学研究的两篇文章之后，接着的两篇述评给我们提供了概述。

梁永佳在他的文章[①]中对宗教发展的几种新方向进行了全面的概述。虽然他并没有声称穷尽了既有路径，但是他的文章实已涵盖全部主题。如梁永佳所述，中国宗教人类学之所以成为一门被深入研究的学科，其背景由两个因素共同构成，这两个因素是，1970年代之后的宗教复苏及社会科学各学科的恢复。在1980年代末至1990年代初，几部民族志研究将宗教问题重新带回了中国人类学的视野。很快，"民间信仰"和制度化宗教催生了更多集中研究。这一问题最开始是在更全面的民族志田野工作中得到考察，后来，广义上的宗教逐渐形成了一个独立的研究领域。

随着国际学术交流的发展，许多新的西方概念得到引进。与此同时，那些根据儒学传统展开工作的学者们也发展出了一些具有中国特色的方法。

来自美国社会学的"市场理论"和儒学遗产中的"生态/平衡理论"就是中国学术"国际主义"和"本土主义"之间"兄弟之争"的一例。

其他的宗教"人类学"也可以在"文化学"、民俗学和遗产研究领域中看到。

---

① 梁永佳的文章《中国宗教人类学：处境、交流、争论、探索》原安排作本专题的第三篇，后因某些原因移入《人类学研究》其他卷另行发表。——编注

梁永佳对这些方法给出了积极的评价，但他也对其中一种潜在的倾向持保留意见。他尤其担忧在这些新研究中暴露出的世俗主义倾向——对他来说，它们仍然是"研究其他任何事物而非宗教的人类学"。梁永佳认为，学术权力分配的官僚主义模式和"宗教"的敏感性可以部分解释中国宗教人类学的局限性。此外，他还提及了"'宗教'一词的舶来性"，以做进一步解释。

梁永佳对"'宗教'一词的舶来性"的重要反思令我印象深刻。他把这一批评和"生态/平衡理论"相联系，引出了一些从前现代东方的语境中引用"礼"来代替"宗教"一词的论述。然而，梁永佳对"生态/平衡理论"中的儒学因素也抱着批判的态度。为了在东西双方之间保持平衡，他提出，如果中国宗教人类学想要改善其两难状态，便需要进一步综合两者："无论是英语世界的人类学还是中国古典经学，都无法独自帮助中国人类学家做出世界级的研究。"

阿嘎佐诗在她的文章中描述了中国"民族研究"（或译"民族学"）的概况。她认为中国的民族概念最早源于日本对西方"民族"（nation）一词的翻译。20世纪上半叶，这一"猜想性的概念"引发了人类学家、社会学家、历史学家和政策研究者之间的热烈争辩。直到新中国成立后，辩论还在继续。新中国认为民族这一概念有益于"社会主义建设"，同时，为了杜绝西方帝国主义在东方的遗毒，它迅速废除了包括人类学在内的各类社会科学学科。然而，为了使新中国成为"社会主义大家庭"，新中国无意中在民族的概念里保留了大量人类学知识。结果，这一概念本身不仅对新的"多民族国家"制度的建设做出了很大的贡献，而且还为1970年代后的民族观和学科重建奠定了基础。

关于1990年代以来的民族人类学新研究，阿嘎佐诗希望我们关注年轻一代人类学家对于结合中西双方经验与概念的尝试。

如其所述，随着国际学术交流的增多，越来越多的西方新民族理论和民族主义批判开始进入我们的视野。但是年轻一代中国人类学家并未满足于此，而是试图在他们的民族学环境中对之加以"检验"。此时，前代人类学家费孝通在1980年代末提出的"多元一体"理念又回到了我们的视线中。费孝通的"中间性"概念已经被重新定义为中心与边缘之间的相互关系和中间圈的不固定性（我的理解）。与此同时，在更多关注政策问题的学者中，"融合论"与"建构论"之间的论战也引发了大量的关注。

经过一个世纪的"汉化"，民族一词已经无法再译回它的原始西方语言，但吊诡的是，民族"认同"作为一个舶来的概念仍然在困扰着中国人类学家。

阿嘎佐诗清楚地表明，这个舶来的概念承载了许多源自西方的思考，并不像看起来的那样与中国紧密相关。然而，她又坚持认为，这个概念深深嵌入到了学科史的构成之中，这门学科将民族当作一个"关键词"，并反过来，为重塑中华民族的"多元统一"做出了巨大贡献。

"过去中的过去与现在中的过去"

讨论中国学者对文明和民族之研究的两篇文章，谈到了学科传统，认为这是使中国人类学得以恢复活力的条件之一。正如许卢峰和汲喆所指出的，当下中国人类学对文明的研究不仅与最近被西方重新注意到的莫斯跨社会关系理论相关，还与学界对20世纪早期的中国社会学与民族学的一种"递归"有联系。阿嘎佐诗在对中国民族研究的综述中，重述了关于民族与国家之间关系的一系列不断变化的观点，其中，民国时期的学科传统是一个重要部分。

很显然，中国人类学的新成就并不是凭空产生的，而是与既有遗产息息相关的（当然，需要强调的是，由于这些遗产是西方近代知识传统的转化版本，因此，它们以及它们的相关脉络不应该被视为"本土的"）。可是，这些遗产具体是哪些呢？它们从何种意义上可以被视作是开辟了先河的"过去"？

让我们简单地浏览一下这门学科在中国的历史变化。

众所周知，早在19世纪末，西方人类学就作为进化论的主要部分传入了中国，被严复、康有为、梁启超等帝国晚期的改革家们用以启蒙国人。随后，传播论的思想也被帝制末期的某些历史学家采纳，这些历史学家力图在东西方之间的那个板块寻找东西方文明的共同发祥地。然而，作为一门学科或一个学科大类的人类学直到1920年代末才成形。

中国人类学的"学科格式化"（Dirlik et al., 2012）始于民族主义在远东地区扎根的时期，并与国族营造的工作紧密相关。

人类学史家乔治·史锋金（George Stocking Jr.）指出，西方人类学不能被看作单一的整体（Stocking Jr., 1982：172–186）。他说：

在欧美学统中，"帝国营造"的人类学和"国族营造"的人类学有所区别。英国人类学研究的风格首先源自与海外帝国中黑皮肤的"他者"之间的来往。与此相对的是欧陆的许多地区，在19世纪文化民族主义运动的背景下，民族认同与内部他者的关系成为一个更重要的问题。而且，民族学（Volkskunde）的强大传统与民俗学（Völkerkunde）的发展十分不同。前者或是对国内农民中的他者的研究，这些人构成了这个民族；或是对一个帝国中潜在的不同民族的研究。而后者则是对遥远的他者的研究，包括海外的和欧洲历史上的。（Stocking Jr., 1982：170）

近代中国人类学是由中国知识分子和政治家们设计的，旨在助力于用社会科学研究推进中国的现代化和国族化。他们从最初就是按照"国族营造人类学"的模式进行设计的。

中国人类学学科在两个主要的学术机构中形成：燕京大学社会学系（由吴文藻领导）和中央研究院民族学研究组（由蔡元培、凌纯声及其同事组成）（黄应贵，1984：105–146）。燕大与中研院的人类学（又名"社会学"和"民族学"）都是为处理与"内部的他者"有关的问题而建立的。其中前者更关注"作为他者的农民"和他们的现代化，并且更多地依赖英美社会学和人类学；而后者试图帮助国民政府将非汉族纳入作为整体的中华"国家"，他们更倾向于采用欧陆民族学的观点。

在民族志方面，燕京学派人类学家倾向于强调"社区研究法"，而中研院民族学家则提倡更大规模的历史民族志。

这两个学派都取得了重大的成果——燕京学派将罗伯特·派克（Robert Park）的人文区位学、拉德克里夫–布朗（A. R. Radcliffe-Brown）的比较社会学和布劳尼斯拉夫·马林诺夫斯基（Bronislaw Malinowski）的民族志方法相结合，开创了"社会人类学的中国时代"（Freedman, 1963 [1979]：380–397）；中研院利用欧陆民族学方法进行民族志和民族史研究，它对民族问题的相关研究做出了同样重要的贡献（王铭铭，2011：483–508）。

抗战期间，燕京大学和中研院都迁入西南偏远地区。两派人类学家在此处进行了集中的交流（包括辩论）。如果给他们更多的时间，也许他们会允许第三种综合双方对立观点的学派出现（这多少会类似于我们现在所知道的"历史人类学"）（杨清媚，2017）。不幸的是，抗战结束后不久，解放战争爆发，分别站在对立两党阵营中的学者们失去了进行这一整合的机会。

新中国成立后，"中研院"的许多成员前往台湾岛，而燕京大学在1952年停止工作并废校，燕京学派的成员离开了他们原本的校园，在新中国的动员下加入了"社会主义重建"运动。他们的任务之一是通过民族志和社会经济史研究，确认现存的民族，并将其载入国务院的民族名录。如阿嘎佐诗所述，当时西式的人类学、民族学、社会学学科都被废除，苏联式的民族志学则开始被提倡。为了完成"民族识别"工作，"旧社会"的人类学家和社会学家们组建了新的研究团队。

随后，这些研究团队扩大并容纳了大量历史学家、经济学家、语言学家、地方史学家和先驱者们快速训练出的年轻一代田野工作者，政府进一步委托他们完成记录各民族社会经济的历史情况的任务，这些族群"落后"的社会结构将要被迅速"升级"到"社会主义阶段"。[①]

在反思战后世界人类学的情况时，列维-斯特劳斯（Claude Lévi-Strauss）称之为一种悖论：

> 文化相对主义学说的发展源自对我们自身以外的文化的深刻尊敬。现在这一学说却似乎正是被它所维护的这些人视为是不可接受的，同时，那些醉心于单线进化论的民族学家们却从单纯渴望分享工业化利益的人群中得到了意想不到的支持，这些人更愿意将自己视为暂时落后，而非根本上不同的。（Lévi-Strauss，1963：53）

文化相对主义最早在1930年代被介绍到中国，但从未被中国人类学先驱们完全接受。燕京学派和中研院的学者们对这一学说都有所了解，但他们置身于中国的现代化建设运动，均不认为这一"学说"有助于他们的工作（与此相反，他们

---

① 土地改革运动迅速改变了各民族的内部结构，而民族志的完成则要慢得多。研究团队历时近十年后完成了第一组报告。1964年时，完成了约340份研究报告和超过10部纪录片。在此基础上，还编纂了约57部各民族简史和记录。

选择了英美的普遍主义学说和他们自己版本的民族学）。

1950年代间，情况发生了巨大的变化。这一时期，民族学走上了列维－斯特劳斯所担忧的方向（即，成为"土著民族"用以使自身现代化的知识—话语系统）。为了改变中国"暂时落后"的状况，中国的社科学者被赋予了用历史和民族志证据来证实汉和非汉民间文化都曾长期处在"迷信"、"封建"和"浪费"的文化状态之中的任务。

从少数民族地区的"民主改革"开始（1956年）到70年代中期，中国人类学家自身被划为"落后文化"的载体，经受了数次严酷的斗争。在这些时期，民族志知识被视为"反动"，研究基本成了"禁区"。

新的中国人类学在学科重建二十年后开始发展。[①]就其现有的成果看，其凭靠的思想基础，已经与毛泽东时代所提倡的有了一定距离。[②]

在中国，多数人类学家专注于研究汉人村落与少数民族地区中的"边缘小社区"，他们继续作为"国族营造人类学家"工作着。但新一代中国人类学家受到西方新功能主义、新结构主义和后现代主义的启发，已经能够发现早期民族志文本中的"错失"。他们放弃了历史唯物主义版本的进化论，这种理论曾给"内部他者"的文化带来过巨大改变。另外，他们尤其关注西方人类学的新潮流，有的也试图通过种种方式重新恢复所谓"民国学者"的实证主义社会学和历史民族志传统。

回顾"过去"是为了更好地延续，这与变化并不矛盾，而是恰恰相反，变化总是伴随着延续。

1990年代以来，中国人类学家掌握了对历史、文明、宗教和民族的新认识，并成功地在旧瓶（社区和民族的概念）中装入了新酒。现在，被学者们考察的农民社会既包括历史悠久的"纵向"关系系统，也包括在时间中动态变化的传统（古代或现代）；民族已经不再被描述为等待国家来归类的"孤立社会"，或是"落后文化"的集中载体，而是从新的角度得到考量。

---

① 如果说在改革开放的头二十年里，人类学充斥着对"基本"问题的讨论，如关于人类学的真正含义、如何与其他学科区分，以及它能够对中国现代化做出的贡献等，那么，在过去的二十年里，它变得更具创造性。

② 二十年前，人类学家仍然在讨论路易斯·亨利·摩尔根（Lewis Henry Morgan）的对与错，二十年后的今天，不再有人类学家提到进化的概念。

　　除了复杂的历史和学术政治因素，中国的历史人类学家和"民族学家"之间仍然泾渭分明：前者的视野总体上局限于"汉学"，而后者则多数将中国看作由众多民族组成的世界。不同"民族志区域"（Fardon，1990：1–36）之间的对话对中国人类学的进一步发展至关重要。在我看来，这主要是因为不同的知识亚传统之间存在竞争，如燕京学派的民族志社会学和"中研院"的历史民族学。但这并不是全部。

　　跨传统的转变并非不存在。

　　如今多数的历史人类学家来自南方，并且比多数其他社科学者更加历史化，但他们在其民族志研究中无意识地遵循着数十年前在北方发展起来的"社区研究法"；"民族学"最早在北方被重建，"圈"内的主要成员反而都直接或间接地师承燕京学派，而不是中研院的考古学、历史学、文献学和欧陆民族学训练，因此也很容易忽略民族叙事中的历史因素（1950年代的"民族史家"曾专攻此类研究，但他们现在已经被从"民族学家"中剔除出去了）。[①]

　　这一现象可以被描述为不同的知识亚传统之间一种特殊的"习俗"转化[②]，它不是基于对旧模型的批判性重新理解，也不等同于交流对话。

　　这里我不拟详细讲述每个领域的继承与发展。我相信，上文内容已经足以表明，在过去的二十年中，存在着一种避开"后革命"进步话语的倾向，这一倾向，与新中国成立前对社会和历史的非进化论、非革命论的社会学和民族学叙述是一致的。很明显，如果可以说这是一种学术的复兴，那么，也可以说，它是在知识界对教条之悄然抵制中发生的。这点，上文也已经清楚地说明了。然而，我还需要强调的是，如果这种复兴被认为是必然的、不可避免的，那么，为了批判性地重新思考旧的亚传统，并选择性地将它发展为新对话的基础，这种复兴必须变得更加自觉。

纵向和横向

　　许卢峰和汲喆在其文章中指出，中国存在文明人类学这个新方向。容我重

---

① 造成的结果是，历史人类学家实际上对民族学中的历史主义知之甚少，在田野作业时更像社会学家，同时，"民族学家"对文化史也兴趣寥寥。

② 燕京学派民族社会学在改革开放后数十年间的扩张导致了视角的单一化，这可以解释那种"无意识"的转化。

申，这个方向，与近期将民国的社会学和民族学视角与莫斯跨社会体系思想相结合的努力息息相关。

我们的努力是从"纵向"和"横向"来界定"超社会"关系复合体。如果说，在这方面，我们取得了某种成就，那么，这一成就便主要源于对不同学术传统和视角所做的综合。

我们的观点很简单。它立足于整体主义，反对那种导致了非整体性乃至于非关系性解释的"劳动分工"方法。在我们看来，非整体性或非关系性的解释一旦被应用在历史、宗教和民族研究的领域里，就会导致对历史和现实的种种误读。因此，我们的观点不仅需要在不同的，甚至是对立的亚传统之间展开进一步对话，也需要进一步将本文所述的同时存在的当代视角相互关联起来。

让我根据中国历史人类学遇到的问题来阐述这一点。

如果说中国的历史人类学研究存在问题，那么它们主要是来自将所选择的事实作为"物体"来考察的方法。在这些研究中，家谱、宗祠和地域性崇拜的寺庙都是被考察的核心现象。大多数中国历史人类学家都试图在论证中将这些"对象"和其他"对象"相联系（尤其是那些出现在社会经济和政治现象层面中的事物）。然而，这种努力在某种意义上是失败的，它没有产出有足够人类学意味的成果。问题的根源在于，学者们作为"外来者"或是"知识精英"，对他们所看到的"对象"，甚少从内部视角加以关注，因而，大抵忽视了所面对的事物——诸如族谱、祠堂、石碑和寺庙之类很大程度上属于社会生活中的"魔法"和"宗教"一类东西——的"灵验性"或宗教性。

在我看来，这体现了"本土人类学"的悖论：虽然它自称不同于研究异文化的人类学，但实际上它全然具备后者所被批评的旁观性。

和我们在此处讨论的内容更有关系的是，在所有这些"神圣的事物"中，"本土/民间的"历史视角显然也被铭刻其中。20世纪初以来，中国学者对居于霸权地位的线性发展时间观习以为常，但这种"本土/民间的"的历史时间模式，与此很不同，值得我们加以重点研究。

如果这种猜想是正确的，那么它的意思就很明确了：在我们从历史与宗教相结合的角度来思考这些模式之前，中国历史人类学的创造力将会持续受限。

反过来说也同样成立。宗教问题和民族问题已经成为当今中国的两个热点问题，但当代问题不等于"非历史"问题，恰恰相反，当代问题的根源总是深植于过去的文明复合整体之中。

让我们根据莫斯的观点来讨论这个问题，从这个角度出发，宗教和民族可以被置于更广阔的历史"文明现象"的范畴中来考察。

纵观整个20世纪，"汉学人类学"一直有一种从中国性出发来理解中国或中华文明的倾向。这一文明本身无疑是存在的。在前现代时期，中国或中华文明是高度系统性的，它的"影响范围"远远超出了帝国的疆域，但这并不意味着没有反向的文化传播，其他文明在历史上也同样是扩张性的。各种各样的文明都在我们现在所说的"中国"里找到了它们的位置。佛教、伊斯兰教、天主教和新教等"大传统"都来自"中华世界"以外，但它们都传入了中国，造成了种种影响，其中之一，就是汉民族和少数民族地域与族群的重组。在中国，宗教似乎成为一个介于"中心"与"边缘"、官方与民间之间的中间层。民族与地域的重组同时具备"整合"与"分裂"的功能——这并不总是"制衡"的。随着"中央"与宗教之间、统治阶级和民族之间关系的不断变化，情势也不断地复杂化（需要说明的是，中国历史上有几个时期，"中国"的统治者实际上来自汉族以外的民族，包括几个大型帝国时期，如，北魏[386—534]、元[1271—1368]、清[1644—1911]）。

在前现代时期的数百年中，中国不仅滋养出了自己的"宗教"，也接纳了种种外来的"世界宗教"。至于民族，我们不应该轻易否认它的现代性，但同时也必须承认，在称为"中国"的这个国家里，"民族"的情况也与宗教相似。宗教与民族之间具有"横向的"关系，这是在广阔的地理空间中形成的。然而，它们也是"纵向的"，宗教间和民族间的等级秩序是模式化的，这不同于政权间与王朝间的关系。在关于等级关系的研究中，历史人类学的"士绅化"和"庶民化"视角如果能够被纳入到帝国、宗教和民族之间的复杂关系，它会变得更具启迪和新意。[1]

---

① 近期，关于中间圈问题已经有了一些重要的研究（如：舒瑜，2010；郑少雄，2016；王铭铭、舒瑜，2015），其中，一个古老的文明以及其中的区域性、等级性、宗教-宇宙观、民族多样性和对外关系都已经被重新建构为一个"体系"，它在现代世界的命运已经成为一个核心问题。

内外之间

为了更诚实地面对其反思性研究，中国人类学家需要完成一个更进一步的任务：用区域和文明的视角来代替"国族营造的人类学"。这个跨界的任务意味着要从关于更遥远的他者的人类学中获得更进一步的灵感，以此重塑对民族人类学的"自观"。但是，反过来说，这是否意味着现有的知识传统将无可避免地走向衰落或灭绝？更具体地说，"帝国营造的人类学"，是否应该成为我们重塑中国人类学的全部基础？

为了回答上述问题，让我们根据陈波的论述来重新思考新近出现的"中国的海外民族志"。

令人振奋的是，在近十年间，不仅有更多关于中国境内地区的民族志专著出版，而且关于海外文化的人类学著作也越来越多了。如陈波所概括的，新"海外民族志"中的一部分是中国人类学的视野"自然"延伸乃至超越"中间圈"的结果，而另一部分则源自对人类学的霸权风气——"一种从外部观察文化的科学"（Lévi-Strauss，1963：55）——的追随。在这两个方面，中国人类学家都进一步吸收了史铎金所说的"国际人类学"内在统一的核心因素（Stocking Jr.，1982：171）——"reach into otherness"。

然而，这种新变化令陈波感到忧虑。他有力地说明，多数中国海外民族志并非建立在真正的参与式观察上，也没有对广义上的当地人际关系的整体理解。更糟的是，虽然这些专著都用中文写作，但除了少数例外（如，罗杨所著《他邦的文明：柬埔寨吴哥的知识、王权与宗教生活》一书[2016]），它们都是西方海外人类学的低级翻版，既不是可靠的民族志研究，也没有独特的看法。①

中国海外民族志从某种程度上来看是很新的。然而，正如陈波所指出的，它们实际上已经早有先例。早在帝制时期，中国就已经有了关于外国社会的记录，到了20世纪初，一些人类学先驱（例如吴泽霖、李安宅）在发展他们的"国族营造人类学"的同时，也开始着手探索在先进的西方国家和遥远的"原始人"社会

---

① 矛盾的是，中国关于海外社会的民族志与西方的又十分不同，因为它们被"束缚"在一种关于他者的古典概念下，认为他者是天然卓越、神圣且文明的，因而几乎不讨论"原始人"所经历的厄运。

中进行民族志研究的可能性。

陈波复述了我对古代中国他者观的人类学的看法（WangMingming，2014），我应对此稍加陈述。

从公元前630年起，中国的书籍开始按照四部系统分类。"四部"由唐代名臣魏征发明，包括经、史、子、集。当然，这几种类别都不包括"人类学"这一子类，它是很久之后才由西方发明的词，代指一种研究文化的科学，包括民族志记述、民族学比较、社会理论或人文理论。然而，我们很容易在中国古典文献中看到这种"人类学性质"的表述。许多古代中国的叙述和概念都贴近现在被归为"人类学"的内容，并在古代中国知识分子间流传。也许甚至可以这样说，从中国出现书写系统以来，它就具备"描述他者"的方法和功能。很大程度上讲，特别是那些来自古代占星家和地理学家的作品（例如《山海经》）和词、道家或佛教徒的异域"神游"（例如屈原的神山之旅、庄子和列子在天地之间的"神游"和法显的佛国朝圣）的文本都可以被解读为一种从知识上走近他者的方式。

与诸多现代人类学叙事相同，古代中国对他者的表述充满本源和原初的"浪漫"。如果我们可以将古希腊思想视为人类学的一个来源（Kluckhohn，1961），那么我们也能将中国古代对他者的表述当作人类学的另一个来源。

尽管如此，我们并不认为这些表述与现代人类学是相同的。

两者之间的区别之一是，一部分文本（如《山海经》）将这种原始状态视为神话中人与非人之间的结合；另一些则将原始状态定义为天然卓越、神圣且文明的（如神山、南天门和印度）。这两种叙述都没有将单一的"野蛮"概念放在他们叙事表达的核心位置。

古今传统之间还存在其他的区别。其中之一是：现代人类学高度依赖二元论（Fabian，1983），而古代中国"民族志记述"并不在自我与他者、"国家"与帝国之间划出清晰的界限。

在最高的层面上，这些记录的产生反映了天下之大。天下的世界秩序是一个多层次、等级化的地理—宇宙结构，而且是一个动态的关系系统。它是一种与国家完全不同的生活方式，并非立足于内外二元之分，而是发展为一种用于处理各个层级之间复杂关系的技术和智慧。① 由于古代的"民族学记述"是构成天下这一整体世界的必需部分，它们本身就是对自我与他者之间相互关系的一种表达。

关系的概念可以是一种大规模、复杂性的"超社会体系"的地理—宇宙结构原则，但同时也可以是微观的，出现在地方社群中，甚至是个别人之间。它不仅仅可以跨越阶层（Strathern，1995），也可以跨越人、物和神灵之间的界限（王铭铭，2015b：129-140）。

当今中国的新海外民族志遵循着现代西方的二元论方法，将世界分为文化与自然、内部与外部、自我与他者、中国与外国，通过这种方式，所有的社会和文化变得"自成一体"。这些研究看似新颖，但正是这些新研究中包含着为"想象的共同体"（Anderson，1991）增加动力的可能性。在与"国族营造人类学"背道而驰的同时，它们实际上也冒着与关系性的感觉和图景相冲突的风险，这些感觉和图景不仅深植于中国传统文明之中，也与我们对当代人类学问题的重新考量有关——其中一个问题就是，所谓的"排斥"他者，在更广义上是民族学所谓的"融合"他者。

对于当今中国人类学的错位问题，一种解决方法是重新进入"古典的"视角。如果这种方案听上去过于"复古"，那么，一种更合适的选择是考量现代的民族学传统。

在20世纪初，中国民族学对汉族与少数民族之间的关系投入了很多关注。作为"国族营造人类学家"，中国民族学家不遗余力地与西方汉学家和民族学家争辩，后者认为中国边疆地区居住的边缘族群是"外族"。其间，他们某种程度上过度强调了中华民族的边界。尽管如此，在这一过程中，他们也提出了一种关于自我与他者的关系性视角。在很大程度上，他们所创造的民族史是对于他者"参与"自我的有效论据。从相反的方向来说，民族学的先驱们也发展了他们独特的"同化"路径，以此考察中华文明成为其他文化"内部"成分的方式。

中国人类学不应该为民族研究的常规做法所限制。但这不是说我们就不能从它们那里汲取新的灵感。如果关系民族学能够被地理—宇宙和"本体论"视角的

---

① 我们可以在这个系统中发现某种民族中心性，例如古代的五服宇宙-地理观，它是同心圆状的；有一个位于中心位置的核心，熟悉的他者位于中间，而"陌生"的他者在外圈。但是，中心性在知识上和政治上是可变的，尤其是当中心被边缘化而中间圈、外圈被"中心化"时。

生命力激活，它将会成为创造力的重要源泉。

在将来，新一代的中国人类学家将作为他们自己的"世界人类学"（Escobar & Ribeiro，2006）的创造者，继续扩展他们的"走近他者"。由此，他们将会使他们的民族学区域更加多样化。传统的地缘政治学以核心和中间圈划分农民和民族中的他者，摆脱了这一限制后，他们可以在狩猎-采集社会、撒哈拉以南的非洲人、美拉尼西亚人、欧洲人、美国人和其他亚洲人中进行田野调查。在每一个民族学区域中，他们不仅会遇到"当地人"，也会遇到其他来自本土社会和其他大陆的人类学家。他们可以和这些同行建立社会和知识的关联。让他者理解自己的观点将会成为这种关联的先决条件。但是，为了让这种关系建立在一个更长久的基础上，他们也有义务向人类学共同体贡献出自己的观念和范式。观点的交换能够令人获益良多，因此，他们会越来越需要在自己的经验和观点以及各种关系的图景之间往返，他们的先行者发展出了从文明到民族的人类学，后者正是在其中建立和重建的。

用区域和文明的观点来取代"国族营造人类学"不等于要简单地切断现有的传统，而且"帝国营造人类学"——它对他者的深入探索无疑对人类学思想产生了积极的作用——也不应该被看作是对当代中国人类学所遇到的问题的现成解决方案。在这两种人类学之间还有一个中间的层次，在此处，可以用历史的角度重新思考人类学的认识论和方法论问题。

对"纵向"和"横向"视角的综合要求民族志作者从"较小的社会区域"的民族志"扩大"到区域和文明意义上的跨文化世界。然而，通过扩大我们的民族志区域而获得的对跨文化实体——本质上是关联的——的理解不应该被认为与我们在"小型社会区域"中的民族志无关。将文明人类学缩小到常规的民族志区域中总是有可能，甚至是必需的，那种想象的"孤立"由此可以向它们原有的复杂关系开放。通过对更大规模的"超社区"和"超社会"体系的关注，我们可以更清楚地看到这一点。

结论

作为暴力时代的产物，人类学之现代形态，要么是"使人类的一大部分屈从于另一部分"这一历史进程的结果（Levi-Strauss，1963：54–55），要么是将"民族精神"或文化的自我意识转化为国家间互相孤立、歧视和敌对关系之运动的产物（Mauss，1953[2006]：42–43）。从20世纪初开始，出于对学科两种"命运"的反思，几代西方人类学家奋力寻找出路。尽管堪称完美的成果尚不存在，但西方人类学业已被广泛认同为一种基本合理的追求。在不少同人看来，这是一门致力于文化翻译的科学，一门关于其他"科学"的科学，一门对文明加以自我批判的学问。

然而，西方人类学家无法确保他们的非西方追随者采纳他们安排的路线，以规避他们自己曾经制造的裂隙和陷阱。

为了能够从文明的繁荣中获益，中国人类学家首先成为国族营造者，接着他们经历了学科数十年的式微，现如今，他们在"国族营造"和"帝国营造"的人类学之间举棋不定。

然而，中国人类学仍然成功地保持着一定的创造性。这一创造性来之不易。人类学的"双重人格"源自上述的认识论悖论，这使中国人类学家展开其工作举步维艰。更有甚者，中国的学术工作处于特殊的政治本体论环境中，这给中国的人类学家带来了沉重的压力。学科重建后仅仅几年，文化人类学就担负过传播"异化"（如，无意义和空虚的感受）思想的罪名。也就是在二十多年前，人类学的话语也曾被怀疑带有某种"自由化倾向"。幸运的是，在过去的二十年里，中国人类学获得了一段平稳发展——或者说，过度发展——的愉快时光。但即使是在这段时间里，人类学在国家层面的处境也没有彻底改善。中国人类学家在东西人类学传统之间的"神游"中发现，不断更新的人类学知识令他们目不暇接，包括来自西方的，及来自中国历史上数量惊人的前人之学。给他们增加了更多困难的是，他们在进行研究时，必须使他们的课题和写作适应于不断变化的政策。近二十年间，国家的基本政策从经济主义转身而出，迈向"和谐社会"和"新时代社会主义"。每一个"概念"都是一种政治要求，而且每一种要求或是负担都转而引出社会科学资源再分配的新方式。结果是：中国社会科学越来越响应于国家和它的号召。在这种环境里，学术很容易成为新科层制的组成部分，其与宣传之间的界限不易划清。

全世界的人类学家都关注传统，而我们必须特别关注它们在中国反复变化的

"命运"。在"文化大革命"期间，它们全都被视为"落后"的标志而被轻率地铲除；但现在"文化"又迅速成为广受欢迎的事物。中国人类学家不再在"文化正在消失"的处境下工作，正相反，他们生活在新"文明"中，"文化类型和内容"的数量如GDP一样增长着。因此，许多中国人类学家感受到了使学术策略尽快适应政治文化的迫切需求，其方法是将"国族营造人类学"升级为文化遗产研究。

人类学存在的处境大多是不理想的，更不用说中国人类学了。但同样真实的是，环境从来不是思维主体的知识根基，也无法阻止他们进入其他时空。

在其中一个时空里，我们回望孔子关于学习的说法："志于道，据于德，依于仁，游于艺。"（《论语·述而第七》）

我们不应将关于道的古典哲学矮化为人文科学的一种方法，而应按照孔子本人的做法，在宇宙论和社会论的意义上，将"道"置于文明的文野之间。若是这样做，我们便会有所收获。因为，正是在文野之间，关系的概念得以生发。在文野之间，我们可以引申出一种见解，用它来表达人、物、神及其集合体之间相互关联的"道德"和"灵力"。我们还可以依顺这一见解，赋予不同传统——包括人类学诸传统和由作为思考主体的人类学家工作的情景所构成的"传统"——之间的相互交流以相对确然的道德价值。

参考文献

黄应贵，1984，《光复后台湾地区人类学研究的发展》，《"中研院"民族学研究所集刊》第55期，第105–146页。

罗杨，2016，《他邦的文明：柬埔寨吴哥的知识、王权与宗教生活》，北京：北京联合出版公司。

舒瑜，2010，《微"盐"大意：云南诺邓盐业的历史人类学考察》，北京：世界图书出版公司。

王铭铭，2011，《人类学讲义稿》，北京：世界图书出版公司，第483–508页。

王铭铭，2015a，《超社会体系：文明与中国》，北京：生活·读书·新知三联书店，第59–60页。

王铭铭，2015b，《民族志：一种广义人文关系学的界定》，《学术月刊》第3期，第129–140页。

王铭铭、舒瑜，2015，《文化复合性：西南地区的仪式、人物与交换》，北京：北京联合出版公司。

杨清媚编，2017，《车里摆夷之生命环：陶云逵历史人类学文选》，北京：生活·读书·新知三联书店。

郑少雄，2016，《汉藏之间的康定土司》，北京：生活·读书·新知三联书店。

Anderson，Benedict, 1991, *Imagined Communities：Reflections on the Origin and Spread of Nationalism*（Revised and Extended Edition）. London：Verso.

Bruckermann，Charlotte & Stephan Feuchtwang，2016，*The Anthropology of China：China as Ethnographic and Theoretical Critique.* London：Imperial College Press.

Dirlik，Arif，Li Guannan & Yen Hsiao-pei (ed.)，2012，*Sociology and Anthropology in Twentieth-Century China：Between Universalism and Indigenism.* Hong Kong：Chinese University of Hong Kong Press.

Escobar，Arturo & Gustavo Lins Ribeiro，2006，*World Anthropologies：Disciplinary Transformations in Contexts of Power.* Oxford：Berg.

Fabian，Johannes，1983，*Time and the Other：How Anthropology Makes Its Object.* New York：Columbia University Press.

Fardon，Richard，1990，"General Introduction." to his edited *Localizing Strategies：Regional Traditions of Ethnographic Writing*，Edinburgh：The Scottish Academic Press and the Smithsonian Institute，pp.1–36.

Freedman，Maurice，1963 [1979]，"A Chinese Phase in Social Anthropology." In his *The Study of Chinese Society*，selected and introduced by G. William Skinner，Stanford：Stanford University Press，pp.380–397.

Granet，Marcel, 1930, *Chinese Civilization.* translated by Kathleen Innes and Mabel Brailsford，London：Kegan Paul，Trench，Turner & Co.，LTD.

Kluckhohn，Clyde，1961，*Anthropology and the Classics.* Providence：Brown University Press.

Lévi-Strauss，Claude，1963，"The Work of the Bureau of American Ethnology and Its Lessons." in his *Structural Anthropology*，Vol.2，London：Penguin.

Litzinger，Ralph，2000，*Other Chinas：The Yao and the Politics of National Belonging.* Durham：Duke University Press.

Mauss, Marcel, 1929/1930 [2006], "Civilisations, Their Elements and Forms." in Marcel Mauss, Émile Durkheim & Henri Hubert, *Techniques, Technologies and Civilisation*. edited and introduced by Nathan Schlanger, New York, Oxford: Durkheim Press/Berghahn Books, pp.57–71.

Mauss, Marcel, 1953 [2006], "The Nation." in Marcel Mauss, Émile Durkheim & Henri Hubert, *Techniques, Technologies and Civilisation*, edited and introduced by Nathan Schlanger, New York, Oxford: Durkheim Press/Berghahn Books.

Stocking Jr., George, 1982, "Afterword: A View from the Center." in *Ethnos*, Vol. 47, No. 1–2, pp.172–186.

Strathern, Marilyn, 1995, *The Relation: Issues in Complexity and Scale.* Cambridge: Prickly Pear Press.

Wang Mingming, 2009, *Empire and Local Worlds: A Chinese Model for Long-Term Historical Anthropology*. Walnut Creek, California: Left Coast Press.

Wang Mingming, 2014, *The West as the Other: A Genealogy of Chinese Occidentalism*. Hong Kong: The Chinese University of Hong Kong Press.

（本文由赵满儿译出初稿，经作者大量修订）

（作者单位：北京大学社会学系）

研 究 论 文

从克罗诺斯到俄狄浦斯：
希腊神话弑父情节的政治学类型

凌新霞

　　摘要：本文以韦尔南《众神飞飏》为主要神话文本，将其中的弑父情节区分为神的弑父、半人半神的弑父和人的弑父三种类型，进而将这三种类型的弑父再做辨析，试图理解弑父情节的多重内涵：神界中克罗诺斯、宙斯的两次弑父均是有意为之，分别确立了"巫术王权"和"司法王权"的政治范畴；半人半神的阿基琉斯，其弑父神谕失灵，是因为阿基琉斯经过母亲的洗礼并师从马人基隆后，生成了独立于王权的军事贵族范畴；俄狄浦斯、佩尔修斯等人间的弑父则总是呈现为无意之举，包含着王位继承原则下政治和亲属之间的复杂关系。马林诺夫斯基在《两性社会学》中提出弑父情结是文化产物，本文则倾向于认为弑父乃政治产物，它彰显了政治制度超越亲属制度的一面。

　　关键词：古希腊神话；弑父；韦尔南；王权

一、绪言

　　弑父情节在希腊神话中并不少见，除了耳熟能详的俄狄浦斯（Oedipus）在十字路口误杀生父的故事外，克罗诺斯（Cronos）阉割父亲乌拉诺斯（Ouranos）、宙斯（Zeus）对父亲克罗诺斯挑起大战等诸神的传说也没能逃离弑父的叙事框架。让–皮埃尔·韦尔南（Jean-Pierre Vernant）是一位卓越的希腊神话学者，他在晚年对其毕生的研究对象——希腊神话——进行了浓缩、精巧的再述，从而形成了《众神飞飏》一书。在众多希腊神话的异文本中，神话学者韦尔南的《众神飞飏》

给读者提供了一个简便却不失细节的版本。该书几乎包罗了这些经典杀父神话的具体情节，并且清晰勾勒出弑父者所在的家族谱系。

对于此类神话，韦尔南曾在《弑母的传说》一文中言简意赅地说道，"希腊提供了许多关于杀父的神话，反映出一类众所周知的礼仪事实：衰老的国王的牺牲，通过谋杀实现的王位交替"（韦尔南，2001a：325）。其中"众所周知的礼仪事实"指杀死国王的习俗仪式，可以看出，韦尔南没有站在心理分析或精神分析的角度，而是从仪式的角度理解神话中的弑父情节。在这句话的后半部分，韦尔南把杀父指向王位的换代与更新，即通过旧国王精力的衰微与新任王位的承继来说明弑父神话的内涵，这种对弑父的理解同弗雷泽《金枝》里对杀死国王的阐释[1]趋向一致。韦尔南以弗雷泽式的解释路径来理解弑父，其精妙之处在于希腊神话中的弑父行为常常和杀死国王等同。反观弗洛伊德，他试图把俄狄浦斯的"弑父"推演为普遍的人类心理甚至是恋母情结，这一归纳在神话分析中也许是冒险的，因为神话中没有一桩弑父发生于平民阶层，或者说平民的弑父从未被书写在内。

尽管韦尔南对弑父的解读比弗洛伊德更贴近神话内容，但它不合乎个别的例子。比如作为神的乌拉诺斯和克罗诺斯永不衰老，可他们都相继被他们的儿子发起挑战并败下阵来，以及，乌拉诺斯并不是王，克罗诺斯对他的背叛与阉割并不能纳入王位交替的过程，而更像是王权政治的开创过程。所以，像韦尔南这样简单地将弑父概括为杀死精力衰微的国王也仍是不充分的，弑父神话无疑有更加精细的、多重的内在含义。重回韦尔南悉心勾勒的神话文本和系谱中，被宽泛地归聚为弑父神话的弑父，至少可以进一步区分为神的弑父和人的弑父这两种类型：前者如克罗诺斯对乌拉诺斯的阉割、宙斯将克罗诺斯打入黑暗世界塔尔塔罗斯；后者如俄狄浦斯杀了父亲拉伊奥斯（Laius）、佩尔修斯（Perseus）用铁饼掷死了阿克里西俄斯（Acrisius）。这两类弑父动机恰恰相反，神的弑父都是有意为之，而人的弑父都表现为无意之举，所以神的弑父和人的弑父又分别对应有意的弑父和无意的弑父。除此之外，《众神飞飏》中还有居于这二者之间的半人半神——

---

[1] 弗雷泽在《金枝》中表明，人、神一旦显示出能力衰退的迹象，就必须马上将他杀死，并把他的灵魂传给精力充沛的新任继承者，一切灾难因此而消除。杀死国王这一独特的习俗正是出于这一原因而产生的（弗雷泽，2013：439）。

阿基琉斯（Achilles）——弑父预言失灵的例子。

基于上述讨论，虽已有把神话中的弑父归结为男性的普同心理或是将弑父故事释为弑君仪式等精辟之见，但它们尚未充分地厘清希腊神话内部种种弑父的推移变化。回顾神话内容本身的具体情节并展开比较，或许能帮助我们更好地理解弑父行为的差异性。尽管韦尔南的《众神飞飐》不能被当作希腊神话原本的模样，当中融入着他对希腊神话的理解，但是希腊神话最初的秩序论已经显示出以政治为框架的特征，这一点在韦尔南对希腊几何学的论述中有所呈现。[①]同时他所梳理的神话文本贯穿着弑父的故事，他对神话本身的清晰叙述也值得关注和分析。所以本文将以《众神飞飐》为主要分析对象。此外，在神话中，弑父常常以神谕或诅咒的意旨显现。这些被指向个人宿命的应验的弑父，是否可以为外在的社会政治所解释？如果把弑父当作一种类型，是否有一种机制贯穿于不同的弑父之间？这离不开对这一幅相对整全的神话图景的整全思考。综上，本文将延续韦尔南的学术观点，并再做分析，依据他在《众神飞飐》中所构建的神话系谱，聚焦其中的弑父故事，并依次区分成神的弑父、半人半神的弑父以及人的弑父等三种类型，试图梳理每一次弑父的实现或未实现，同政治形态中王权的类型以及王位的继承有着怎样具体的联系。人类学家马林诺夫斯基在《两性社会学》中将弑父置于母系和父系社会中进行考察，本文则回归神话分析，试图对弑父的发生进行一个新的总体的理解。

二、神界的两次弑父：政治的生成和演进

（一）克罗诺斯、宙斯弑父神话的基本框架

在希腊神话的开端，阴性的大地之母盖亚（Gaia）借助原始爱神（Eros）的

---

① 韦尔南指出，荷马和赫西俄德所描绘的神话世界已呈现出一个多层次的宇宙，其中包含着一种结构严密的观念体系。这套语汇、概念、观念体系是过去所没有的，它的出现离不开从赫西俄德时代到阿那克西曼德时代希腊社会经济方面所产生的一系列的变革。有人将古希腊宇宙论呈现出的清晰的几何特征归因于希腊人天生就是几何学家，韦尔南则想提供另一种解释：这就是一种政治现象，即希腊城邦的诞生（韦尔南，2007：211–214）。

生育力生出阳性的乌拉诺斯（Ouranos），由此世界第一次出现阴阳两性。乌拉诺斯自从出生以后就没有离开过盖亚。他们二者紧密结合、日夜交欢，孕育了提坦诸神、百臂三巨人和独眼三巨人。这些新生的神灵被困在母亲盖亚的子宫里无法出生，因为沉湎于性的乌拉诺斯无休止地压在盖亚身上。感到憋胀的盖亚向她的孩子们提出请求，让提坦神（Titan）联合反抗他们的父亲乌拉诺斯，最后只有提坦神中的最幼者克罗诺斯（Cronos）答应帮助母亲。克罗诺斯接过母亲盖亚锻造的白金钢刃，在埋伏中伺机割下父亲乌拉诺斯的生殖器。这使原本彼此紧贴、时刻处于交媾状态的乌拉诺斯与盖亚终于分离，提坦神和百臂三巨人（Hekatonchires）、独眼三巨人（Cyclopes）也借此顺利逃离盖亚的子宫。克罗诺斯凭此创举更是位列提坦诸神之首，成为第一位黄金时代的王。但含恨的乌拉诺斯诅咒克罗诺斯以同样的被儿子推翻的厄运。克罗诺斯谨防这一弑父危机，把自己和提坦神瑞亚（Rhea）生下的孩子一一吞进腹中。但弑父的咒语在多年后仍旧应验。这是因为克罗诺斯的妻子瑞亚用石头将幼子宙斯调包，宙斯得以免于落入克罗诺斯的虎口。宙斯被偷留在克里特岛上由水神抚养长大。成年后的他先是利用名为"法尔马孔"（Pharmakon）的魔药把他的兄长们从父亲肚中解救出来，接着带领奥林匹斯诸神向提坦神挑起大战，而后联合库克洛佩斯三兄弟和赫卡同刻伊瑞斯三兄弟，用不死仙露换取了雷电霹雳，最终在漫长的诸神大战中打败了以克罗诺斯为首的提坦神阵营，败者被逐入黑暗世界塔尔塔罗斯。[①]

（二）神界两次弑父的比较

上述弑父情节——克罗诺斯推翻乌拉诺斯，随后宙斯又把克罗诺斯推翻——从图1直观可见。不难发现，神界的两次弑父连续、紧凑地发生在同一系谱中。如果进一步对照，可以看到它们均贯穿了三个同样的环节：施展诡计、建立兄弟会和确立王权。有理由相信，这两次弑父不是同一种弑父类型的重复，因为在每个环节中，克罗诺斯和宙斯的行为方式或多或少地存在着差异。

---

① 上述情节系根据韦尔南《众神飞飏》中的神话叙述再做的简述，如无特殊说明，下文其他相关的神话情节也是同样出于《众神飞飏》。

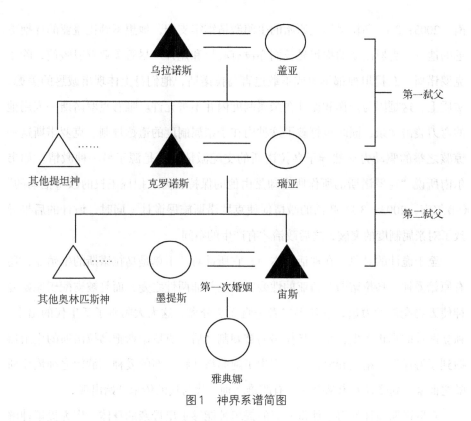

图 1　神界系谱简图

　　韦尔南的神话文本中多次使用"诡计"一词，它并不是一个随意的名词。"诡计"在希腊语中称为"梅蒂斯"，即诡计女神墨提斯（Metis）。韦尔南曾把"梅蒂斯"释义为典型的希腊式的狡黠和智力形式，它由各种计谋和机巧构成，这一智慧形式从古朴时代直到希腊化时代一直有清晰连续的脉络。但对诡计的意义，他稍显犹疑，"不管人们把它叫作狡诈、诡计，还是智慧、谨慎，而我现在倾向于认为，这条道路既非完全是神话式的，也不全然是理性化的"（韦尔南，2007：4）。在韦尔南看来，诡计无法等同于神话的捏造抑或理性的抉择。既然诡计并不在这两端中的任一端，本文认为，诡计的内在意蕴可以从政治的路径去理解和阐释，克罗诺斯和宙斯即是显例。

　　被称为"具有骗子思想的克罗诺斯"是神话里施展诡计的第一人。其诡计表现为埋伏的、不加明示的阉割。在他之前，无人使用诡计。他的父亲乌拉诺斯的品质中无诡计成分，"他不拥有这个武器，他绝没有想到盖亚会对他报复"（韦尔南，2003：3)，乌拉诺斯被原始的生殖激情牢牢支配，他想不到比盖亚的怀抱更远的地方。克罗诺斯的提坦兄长们亦没有心机和诡计。尽管盖亚百般唆使，除了克罗诺斯，众提坦神都不愿或不敢迫害乌拉诺斯，他们身上体现出诚恳的美德，实质上，这是因为狡诈和诡计在亲属制度内并不被允许。唯有克罗诺斯一人用他的弯刀袭击父亲，同时也打破了这种内在于亲属制度的道德规制。克罗诺斯这一惊骇之举的驱动力显然异于乌拉诺斯的交配激情，而是源于另一种激情。如韦尔南所说"克罗诺斯的所作所为却是由他的保持权力、把握王权的欲望推动的"（韦尔南，2003：3)，政治的激情促使克罗诺斯施展诡计。同时，诡计的后果导致了对亲属制度的突破，之后政治才有产生的空间。

至于诡计的对象，在神话文本中，它所针对的不单是乌拉诺斯的生殖器，还有原始爱神。乌拉诺斯和盖亚的性爱实际上并非两性之爱，而是被支配于原始爱神使万物凝聚的力量，它使得二者一直无法分离，这大大阻碍了新生代的出生。独立两性的真正产生，是在乌拉诺斯被阉割之后。克罗诺斯把乌拉诺斯的生殖器抛到了海洋里，精液和海水混合产生了阿弗洛狄特，新的爱神和欲望之神埃罗斯随之而来，新爱神要求从今往后有雌雄之别，代与代的传承开始出现。

克罗诺斯诡计的得逞使得所有的提坦神能够走出母亲的身体。作为提坦神解救者的克罗诺斯也借此成为众提坦兄弟姐妹的首领。最小的克罗诺斯成为首领，表明同辈人中的排序以诡计和胆识而不是年龄为首要原则。这种提坦神的组织形式可以被看作是兄弟会的雏形。至于兄弟会的政治意义，另一位神话学者杜梅齐尔（Georges Dumézil）曾提出国家按等级辩证法构建，其中"国家的起源或者说国家的正题是以兄弟会的形式出现的，罗马的牧神祭司团（Luperci）、印度的乾达婆（Gandharva）和希腊的卡容（Chiron）都是兄弟会式的秘密会社"。[①]以克罗诺斯为首的提坦兄弟会之间的关系虽未及秘密会社的程度，但他们确是第一代的政治团体。他们挤压和排斥提坦神阵营以外的几乎所有团体，甚至是自己的后代。这一兄弟会的主导者是克罗诺斯，他不仅是第一个政治家、第一位诸神的首领，还是第一位登上黄金时代王座的君主。他在后续的统治中延续着他的诡计，这体现在他既戒备提坦外的同辈人，把库克洛佩斯三兄弟和赫卡同刻伊瑞斯三兄

---

① 转引自赵珽健，2020。

弟关押至地府，以确保最高权力无人撼动，还提防他的子嗣，把他所有的孩子即后来的奥林匹斯神都吞进肚中以防弑父危机的发生。克罗诺斯试图通过这些狡诈的手段独揽权力，捍卫他的至高威权。

克罗诺斯对父亲的暴力阉割不仅是对原有的亲缘关系规范的突破，还是一个打开天地的过程。克罗诺斯砍刀的挥动使天空和大地分离，开辟出一个自由的空间，提坦神和三巨人们得以走出母亲的子宫，走向开阔的自由空间。如是，这场杀父异举看似无情，却在某种程度上使宇宙秩序的推进和革新成为可能，世界从交配激情转变为政治激情主导，使得在亲属制度的基础上草创出婚姻制度和政治制度成为可能。

如果说神界的第一次弑父表明了政治如何从亲属制度中发生、王权如何确立，第二次宙斯的弑父虽同样包含诡计的施展、兄弟会首领的出现和王权的建立等三个层面，但宙斯已推演至权力中的秩序如何安排等问题。

首先，宙斯和克罗诺斯一样善用诡计，不过宙斯的诡计呈现出截然不同的方式和内涵。成年后的宙斯用魔药"法尔马孔"从克罗诺斯口里催吐出他的兄弟姐妹们，被释放的第二代神灵占据奥林匹斯山，组成以宙斯为首的奥林匹斯神阵营。他们开始反抗原有的政治秩序，与提坦神展开诸神大战。但双方势均力敌、难分高下，直到宙斯实施他的第二次诡计。这次诡计的机制是通过礼物交换结成同盟。宙斯从地府中解救出与提坦神有亲缘关系却又不属于提坦阵营的两对三兄弟，并关键性地赠予他们"仙露和神食"使得他们能够永生，三兄弟从而站在了宙斯的阵营。作为对不死仙露的回赠，库克洛佩斯兄弟制造了一把能射出雷电霹雳的武器给宙斯，这才使得宙斯真正不可战胜。这件决胜法宝雷电霹雳一方面蕴含着以武力著称的三兄弟的强劲力量，另一方面又是正义和权威的象征。雷电是正义之象征可参照北欧神话中雷神奥丁的故事，奥丁曾献祭一只手来与敌人建立公正的契约关系，所以奥丁这类雷电之神与正义的品格息息相关。与此相照应，宙斯拥有雷电霹雳喻示着他成了正义的主宰者。

上述对比显示出，同样是狡诈的诡计，克罗诺斯的诡计主要是采用横暴力量，是对原始爱欲以及亲属制度的突破，克罗诺斯一挥砍刀，斗争、暴力、欺诈一下子进入世界的舞台。而宙斯的诡计中的狂暴成分无疑冲淡了很多，其核心在于运用礼物的交换来协调和控制各方势力。它在狡诈中蕴含了相当的理性、圆滑与智慧。此外，宙斯的诡计还体现在他和诡计女神墨提斯的婚姻中。从两位君主神的婚姻看，宙斯的婚姻和克罗诺斯的婚姻相比，发生了极大的变化。他们分别对应两种婚姻形态：内婚制和外婚制。克罗诺斯的配偶是他的姊妹瑞亚，这种典型的内婚制意味着权力拒绝分享给任何外人，只在内部流转。与此相反，宙斯在第一次婚姻中采取外婚制，他和属于提坦神那一支的海洋女神墨提斯缔结婚姻。一方面，与提坦一方的联姻是宙斯君临神界的合法性来源之一。另一方面，墨提斯是一个同样诡计多端的女神，她的诡计说明她也拥有强大的政治能力，所以在双系继嗣下，宙斯的一部分权力将流向他妻子即提坦的一支，于是宙斯再次动用诡计，让墨提斯变成一滴水，顺势把这诡计多端的女神墨提斯吞进肚中，世间所有的诡计从此将集于宙斯一人。他吞掉墨提斯的行为使得墨提斯成了他的一部分，换言之，他通过吞食墨提斯来完成权力的合一。即"通过迎娶、控制和吞噬墨提斯，宙斯不仅成了一个君王：他还使自己变成了最高权力本身"（韦尔南，2001a：305）。同时，这一吞食导致雅典娜（Athena）无法从母亲的腹中诞生，她只能从父亲的脑壳中出世。她一出生便建立了与父亲的联系，所以尽管她也遗传了父母的诡计特质，但归顺于父亲的雅典娜不会对宙斯造成威胁。和雅典娜一样，狄奥尼索斯（Dionysos）被宙斯亲自从大腿里生出来。但宙斯不必担心他弑父。因为狄奥尼索斯是一个和政治无关而和宗教有关的神。而且狄奥尼索斯的母亲是凡人，所以他不具备完整的神格。此外，尽管宙斯还在人间释放了他惊人的生育能力，但他的私生子女们均从母居，政治范畴属人，所以对神界没有产生影响。当然，宙斯化解被杀危机的更深层原因在于他本身已经达到了理想的政治状态，他已经从结构上完成了从暴力统治到司法统治的范畴转换。

政治演进的第二个层面在于宙斯所建立的兄弟会不同于提坦神的兄弟会。两个兄弟会都曾遭遇近乎囚禁的困境：提坦神被密封于母亲盖亚的腹中，奥林匹斯神被困在父亲克罗诺斯的腹中。但他们突破困境的方式不同，克罗诺斯用弯刀将前一个兄弟会（提坦神）从母亲的身体里解救出来，而宙斯用泻药将后一个兄弟会（奥林匹斯神）从父亲的身体里解救出来。由母亲生出来的兄弟会更近乎天然的血缘联系，在这种过于亲密的关系中很难催生正义；而当奥林匹斯神从父亲的身体中排泄出来、重新再出生一遍时，整个兄弟会的性质就蜕变成血缘之外的政治关系了。在神话学中有大量的例子证明男人企求从排泄物中生出婴儿来。布鲁诺·贝特尔海姆（Bruno Bettelheim）认为，孩子从父亲的身体中排泄出来意味着一种特殊的再生仪式，"成年礼是某种具有特殊作用的再生仪式，大意是受礼的人从男性那里得到再生，对妇女生育作用的否定体现在禁止妇女参加这些仪式"（阿兰·邓迪斯，2006：339）。这种从父亲的身体的再生不是简单的对妇女生育的模仿和再现，而往往同法和政治相关。就此不难推导出，第一次提坦神的兄弟会是亲密的血缘联系，而宙斯的兄弟会在亲缘之外附加了一层法的、政治的关系。此外，这两个兄弟会的重要区别还体现在克罗诺斯依靠强权成为兄弟会首领，而宙斯被同辈人选举成为首领。

演进的另一层面还由两次混沌的差异表明。第一次混沌出现在创世之初，漫无边际的混沌"卡俄斯"（Chaos）弥漫于世界的每个空间。奥林匹斯神战胜提坦神之际又出现了一次混沌。和第一次无比漫长的混沌卡俄斯相比，它无疑是短暂的，随即便平定。而混沌的平复代表着从无序到有序，或者从摧毁到建立的过程。第一次混沌如韦尔南在另一篇希腊神话研究的文章中所说的，"哲学家们的宇宙论只是重申和延续了创世神话。这些宇宙论回答的是同一类型的问题：有序的世界怎样才能从混沌中诞生？"（韦尔南，2007：385）。而战争期间的第二次混沌表明，在统治者的轮换中，世界又回到起点，王权被重新考量。所以，第一次混沌（卡俄斯）是宇宙秩序的混沌，混沌的打破意味着无序的宇宙被建立起有序的物质结构。参照韦尔南在《希腊人的神话和思想》中所说的，"世界秩序的建立和季节循环的规则与国王的行为融为一体：他们是统治权的表现，自然和社会是混一的"（韦尔南，2007：387），第二次混沌的平定表明代表社会秩序的王权得到更新，更确切地说，是从暴力的统治走向了有序的法的统治。

两次弑父和两次混沌总体上表明了神界从暴力走向理性的过程。宙斯的理性导致他要去除偏心，即不能得罪各方势力中的任何一个，"面对克洛诺斯和联合起来与他争夺王位的提坦神们，宙斯代表着正义，代表着荣誉和职能的准确分配，代表着对每个神所能享有的特权的尊重，代表着对甚至是最弱者的关切。在他身上并且通过他，重新联系起来的权力与秩序、暴力与权利，他们在他的王权之中重新结合"（韦尔南，2001b：30）。然而，这种理想的公允状态也会遭遇困境，例如宙斯无法将金苹果判给三位女神中的任何一位。这些矛盾抛诸人类世界，引发了特洛伊战争。在某种程度上，特洛伊战争是第三次混沌。解决这次混沌的方式也是施展诡计——木马计。

（三）巫术王权和司法王权

杜梅齐尔在对印欧神话的比较研究中发现，巫术王权和司法王权在印欧区域频繁出现：在罗马，罗穆卢斯属于暴力的王的类型，努马代表司法的王的类型；在印度，伐楼拿（Varuna）和密陀罗（Mitra）分别对应暴力王和司法王。他也曾把希腊神话放入比较的序列中，并认为乌拉诺斯和罗穆卢斯属于同一类型，因为乌拉诺斯不和其他神结成夫妻，宙斯则接近于努马的类型。但是杜梅齐尔的这种归纳也使自己陷入了难题，他很难找到乌拉诺斯和宙斯之间哪怕是很简单的关联，所以两种王权的辩证关系无从谈起（Georges Dumézil，1988：119）。

韦尔南在《众神飞飏》中，似乎延续了杜梅齐尔对两种王权的思考，但不同的是，他把目光放在克罗诺斯和宙斯上，发现这二者才是对反的关系。他总结为，"处于首位的是宙斯——众神之王，他不仅取代了克罗诺斯，而且还代表着克罗诺斯的反面。克罗诺斯是非正义的，他从不为自己的同盟者着想；而宙斯的统治却建立在一定的正义基础上，考虑到了诸神之间的平等，这种方法的受益者是其他神灵。他矫正了克罗诺斯统治中片面的、自私的和有害的东西。宙斯确立了一个更节制、更平衡的统治形式"（韦尔南，2003：24）。

若就此路径继续分析，不难发现克罗诺斯和宙斯在弑父后的统治所确立的王权类型也正好对反，对立的二者恰好构成一个完整的王权范畴。总体而言，"总是代表强权并包含武力因素的王权负担着建构整体性的功能，而司法与祭司王权则负责整体性内部的平衡与秩序"（张亚辉，2014：81）。克罗诺斯和宙斯两者虽然对立，但同属于王权范畴，并且即便后者是前者的推进，后者仍依赖前者开启政治先河。这是由于宙斯所代表的正义无法完成对亲属制度的突破，一定是一个暴力的、没有正义感的、如克罗诺斯那样的人才能完成。是克罗诺斯的暴力诡计开创了政治的整体性框架，宙斯所做的只是在原有的暴力统治中进行统筹和协调，调整至以司法为主导的政治形态。

克罗诺斯把所有与他对反的势力都吃到肚子里，将三兄弟打入塔尔塔罗斯，以致权力高度集中于他一人，这无疑是暴力王权的体现。宙斯虽然也将战败的提坦神遣送到塔尔塔罗斯，但是他在奥林匹斯神内部进行了权力的分配，他尽量公平地分配给每个人应有的荣誉，以达到权力之间的制衡（韦尔南，2003：25）。像韦尔南在《希腊人的神话和思想》中描述的那样，"宙斯不再通过暴力强加于人，而是通过所有奥林匹斯神之间的共同协议完成宙斯的分配：宙斯的领域是'光辉的苍穹'（光芒）；哈代斯的领域是'烟雾弥漫的'阴影（气）；波塞冬的领域是海；他们三个还有共同的领域——大地，人就在那里繁衍不息"（韦尔南，2007：25）。权力就像宇宙中的各种元素、力量一样被区分出界限，这正表明协议王权即司法王权的建立。

司法王权建立的另一重证据在于赌咒的出现。宙斯在分配权力时保留甚至扩大了代表游戏、快乐和偶然的赫卡忒（Hecate）女神的特权。当一个司法形态从原来暴力的霸权状态转换到正义的产权形态时，以赫卡忒为代表的一种随机机制变得格外重要，因为矛盾和冲突可依靠赫卡忒所代表的随机机制解决。由此可见，协议王权和暴力王权运行的差异在于前者使得赌咒成为司法的一部分。

与神话中人的弑父不同，这两次弑父是连续的，而且一次性完成：克罗诺斯通过阉割乌拉诺斯，使得政治秩序在自然秩序和亲属秩序之外诞生；宙斯通过和克罗诺斯之间的战争，令司法的统治对暴力的统治取而代之。若将上述分析进一步归纳，则可以看到，神的弑父是政治类型范畴的转换，该段神话的讲述隐含着暴力王权和协议王权（理想类型）的转换。此后，神界再不可能出现弑父现象，不仅是因为宙斯吞食墨提斯使雅典娜直接从他的脑壳中生出，更本质的原因在于宙斯代表的基于法的王权和一套公正的司法体系以及随机机制的建立。在有关神界的神话讲述中一直都贯穿着对弑父的恐惧，它继而变形为对生小孩的恐惧。乌拉诺斯不想让孩子生出来是出于野蛮的原始爱欲，埃罗斯导致他和盖亚无法分离。后来的神不想让孩子出生是因为他们有可能是弑父的潜在执行者，而政治变革的启动键正是弑父。盖亚和瑞亚都晓得，宙斯也有了前车之鉴，他对这种危险进行防备，他要把自己的统治具体化为一个永久和强大的统治力量，"在复杂而多样的神灵世界里，宙斯已经预料到了冲突的危险。他未雨绸缪，不仅建立了一套政治体系，而且还有一套准司法体系，以便发生了争吵也不会动摇世界的支柱"（韦尔南，2003：40）。神灵世界的正义被客观化为一套理想的秩序，其间的冲突和纠纷也有了解决的渠道，神界便再无弑父现象。

三、阿基琉斯弑父神谕的失灵：军事贵族的生成

在宙斯奠定天界的统治秩序后，仍有一条弑父的预言在神界流传。预言称海洋女神忒提斯（Thetis）若与天神结婚将导致杀父悲剧的重演，众神为此焦虑不安。于是宙斯和众神商议之后决定将忒提斯派入人间，"让凡人去承受被下一代僭越推翻的命运"（韦尔南，2003：90）。下凡的女神忒提斯被许配给佛提亚国王特萨利人佩琉斯（Peleus），她一开始使出浑身解数、动用百般变身法力来抵抗佩琉斯，而佩琉斯始终紧扣双手，把忒提斯紧紧环抱住。在无法逃脱佩琉斯的环抱后，忒提斯方被折服，成为人间的女王。这是韦尔南《众神飞飏》里第一次出现人间女王的形象，也是第一次出现下嫁婚的婚姻形态。而下嫁婚的成功不单是依了神的旨意，当中必不可少的环节在于佩琉斯对忒提斯的环抱。与佩琉斯搂抱相近的例子是印度的伐楼拿（Varuna），他是一个捆绑者（binder）的角色，把外物都通过绳索纳入自己的系统。同样地，佩琉斯通过将忒提斯抱住，让她成了政治系统的一部分，这位女神和国王的婚姻也很大程度上表征了某种东西与王权相结合。这种与王权相结合的成分或许是土地系统。[①]神话中的种种现象表明，土地产权的确立往往与女神或女王一类的神圣女性有关。在卡德摩斯（Cadmos）的故事中，众神把女神哈尔摩尼亚（Harmonie）许配给卡德摩斯，卡德摩斯这个外乡人因此能够在忒拜城的土地上成为正统的统治者。在奥德修斯（Odysseus）的故事里，成百上千的求婚者簇拥在佩涅洛佩（Penelope）的王宫中，因为一旦迎娶女王佩涅洛佩，便能合法获得王位。其中有一个细节值得注意，奥德修斯和佩涅洛佩的婚床的一个床腿由扎根土地的一棵橄榄树砍削而成，"国王和王后睡在上面的那张床的腿是深深地扎进伊塔卡的大地内部的。它象征了这对夫妇对这块土地的统治和他们成为正义的国王和王后的合法权力，这与土壤的肥沃和羊群的繁衍不无关系"（韦尔南，2003：137）。这些例子都表明和神圣女性或者女王联姻才能

[①] 埃文思－普里查德在《论社会人类学》中举施鲁克人的例子时提到，国王的妻子回到娘家村落生育孩子，孩子交由其舅舅抚养长大。据兰婕《并系继嗣与婚姻联盟》，列维－斯特劳斯论述家屋时提到的波利尼西亚、美拉尼西亚的材料中，母系方是土地的提供者，而父系方代表社会和政治权威（兰婕，2018：69–79）。

确立对土地的合法统治权。政治权力由男性掌握，但是从大地之母盖亚开始，女性就已担当着土地的隐喻和象征。所以佩琉斯对忒提斯的环抱以及二者的婚姻也许是更明确地指向了王权系统和土地系统的结合。

王后忒提斯仍不甘愿她的孩子降为凡人，她把她与佩琉斯诞下的七个孩子淬火，企图通过淬火使他们升格为不死的神仙，但孩子们都因无法承受火的炙烤而不幸烧为灰烬。最后剩下阿基琉斯时，不愿再冒风险的忒提斯把淬火仪式更换成地狱之河的洗礼仪式。她试图通过地狱之河斯提克斯的洗礼，赋予阿基琉斯像她那样的不朽神性，反过来说，她的目的在于通过洗礼去除阿基琉斯身体中父亲佩琉斯的部分。这一洗礼方式和普通成年礼的方向恰恰相反，一般的成年礼的目的是在孩子身上增强父亲的成分、削弱孩子和母系的因素。

但是忒提斯疏忽大意，她在洗礼时抓住了阿基琉斯的脚后跟，脚后跟成了洗礼时被遗漏的部位，于是这一部位成了阿基琉斯和父亲仅有的关联。在只有脚后跟与父亲相关、其他的部分已经被浸染成母亲神格的情况下，他没有办法凭一个脚后跟杀死他的父亲，也无法靠脚后跟的微弱之力去挑战王权。所以，这个洗礼的过程不只是忒提斯不想让孩子变成一个凡人，也在不经意间成了防止弑父而进行的行为。这一洗礼通过大大消除阿基琉斯与父亲相关的部分后，消除了他弑父的可能。但同时，这也意味着阿基琉斯的神性被父亲的凡人属性抹杀而无法变成彻底的神。脚后跟在之后成为阿基琉斯的致命弱点，他在战场上被人射中脚后跟而亡。所以，阿基琉斯无法像神那样拥有不死之身，而要面临人的生命的有限性。值得注意的是，战死沙场的阿基琉斯正值青春年少。韦尔南曾把人在青春时那种完美的体魄认为是神的体格的再现，"人在青春年少之时，神就把其明丽的光辉投射到他身上，这时人就体现出所谓的真福者的本质"（韦尔南，2007：362），所以即使阿基琉斯死去，他也保留了一种明丽的神性光辉。

洗礼后的阿基琉斯被送去皮利翁山的马人基隆（Chiron）处接受教导，阿基琉斯从马人老师那里不仅学习各色武器的使用，而且习得了智慧、勇气及一切美德。师从马人的他也因此远离父母所在的神或王的阶层，养成了像他老师那样桀骜不驯的战士品格，后来义无反顾地奔赴特洛伊战场与赫克托尔对垒。韦尔南把阿基琉斯归为"战士"，"他生而不能像一个普通的凡人那样，逃脱了人类的通常状况并不会使他就此变成神，他仍然是会死去的凡身肉胎。他的命运可以被看作当时的一切战士、一切希腊人的原型"（韦尔南，2003：86）。但这种"一切战士、一切希腊人的原型"与杜梅齐尔所指称的印欧社会的武士阶层①不尽相同。在杜梅齐尔的论述中，印欧武士阶层与第一功能的王是附庸关系，而阿基琉斯这一贵族战士的存在很大程度上独立于王权，其独立性表现为阿基琉斯不为权力或正义而战，仅为荣誉而战。换言之，印欧武士，如作为典范的罗马武士，听命于王，以纪律著称，而希腊军团以年轻、活力、激情著称。韦伯在《非正当性的支配——城市的类型学》中谈及希腊城邦时也曾说到，希腊贵族的生活深受骑士的生活样式和荣誉观念的影响（韦伯，2005：105）。

如上所述，阿基琉斯身上混杂着多种位格，成分颇复杂，至少包含三个部分，即女神母亲的神格、国王父亲的人的属性以及老师马人基隆的部分，其中，父亲的部分已经因为斯提克斯河中的洗礼而被减到最小，与父亲相关联的部位只保留下脚后跟，而单拿脚后跟无法延续抑或挑战王权，所以忒提斯的儿子阿基琉斯既没有继承也没有撼动父亲的王位，这也导致弑父神谕罕见地失灵了。从血统上就是半人半神的阿基琉斯，不能完完全全地成为人和神两者中的任何一个，他始终处于一个模糊的地位。他的知识和技能汲取自他的老师基隆，最终阿基琉斯所代表的是希腊的武士，即荷马神话中的人间英雄，"留名后世并在陵墓受到后人崇拜的英雄人物，他们经常表现为神性和人性在两性中交融的果实"（韦尔南，2001b：46）。所以，这次弑父危机不但随着忒提斯的下凡而解除了，而且在人间制造出了一个新的等级——以阿基琉斯为代表的军事贵族。

四、俄狄浦斯和佩尔修斯的人间弑父

俄狄浦斯的故事经过古希腊剧作家索福克勒斯《俄狄浦斯王》剧本的渲染而广为流传，但它省略了俄狄浦斯家族的谱系和忒拜城（Thebes）的历史。在《众神飞飏》中，这段历史得到了充分的描述。俄狄浦斯系拉布达科斯（Labdacos）家族成员，它是卡德摩斯家族和地生人家族的后代分支。卡德摩斯家族虽然是外乡人，但他们是被诸神的意志指定的忒拜城统治者。卡德摩斯和佩琉斯一样，备受诸神的青

---

① 《密陀罗与伐楼拿》（*Mitra-Varuna*）一书是杜梅齐尔研究印欧社会第一功能的核心文本，第六章从债务法律的角度讲两种王权的对反性，论述到武士阶层附庸于王权。

昧，他被特许与女神哈尔摩尼亚缔结婚姻，并成为忒拜城这座古典城邦的英雄建立
者。地生人家族从忒拜城的土地中生长出来，是为战斗而生的人。忒拜城的历史就
是在这二者之间的连接和平衡中开端的（见图2）。在忒拜城的王位继袭中，先后呈
现出三种合法的继承规则：一是女婿继位；二是父子相传；三是国王死后娶王后。

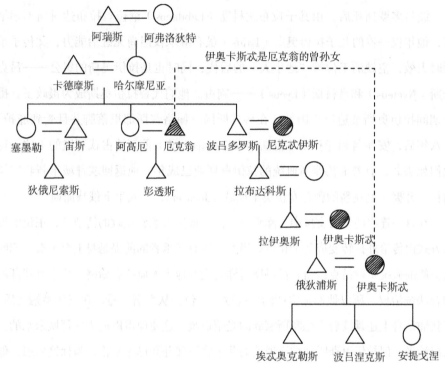

注：斜条纹为地生人家族。

图2 《众神飞飏》第六、七章所述的卡德摩斯家族系谱

忒拜城王位首先由卡德摩斯国王传到他的女婿同时也是五个地生人之一的厄
克翁（Echion）手中。也就是说，厄克翁通过与国王的女儿阿高厄（Agave）结
婚而合法取得王位继承权。但厄克翁在阿高厄生下第一个儿子时就去世了，此时
"卡德摩斯虽然健在，但已经老得不能继续统治了，于是，彭透斯这根独苗继承
了外祖父卡德摩斯的王位"（韦尔南，2003：150），也即厄克翁死后，王位由他的
儿子彭透斯（Pentheus）继承，实际上可以看作是卡德摩斯和其外孙彭透斯通过
阿高厄这一枢纽进行权力的交接。需要注意的是，彭透斯优先于他的舅舅波吕多

罗斯（Polydoros）获得王位，即卡德摩斯的王位首先给了外孙而不是直接给儿子。登上王位的彭透斯在一次偷窥妇女的秘密宗教实践时，被处于宗教迷狂状态的阿高厄失手错杀。因彭透斯的枉死，阿高厄和卡德摩斯含恨出走。忒拜城陷于无人掌权的混乱，卡德摩斯的儿子波吕多罗斯成为新的国王。这次王位以父子相传的方式继袭，之后父子相传成为稳定的继承方式。

波吕多罗斯死后，由其子拉布达科斯（Labdacos）继位。拉布达科斯不幸早逝，他年仅一岁的儿子拉伊奥斯（Laius）虽有继承权但尚无统治能力，父传子承暂时失效，空缺的王位被"地生人"的后代，同时也是拉伊奥斯的舅公——吕克修斯（Nycteus）和吕科斯（Lycus）——霸占。他们代替拉伊奥斯成为摄政王。摄政期间拉伊奥斯被迫流亡国外，在科林斯国王佩洛普斯那里落脚并且受到庇护。十八年后，安菲翁和泽托斯（宙斯和安提俄柏之子）重新抢占忒拜城的王位，待他们死去时，有着卡德摩斯血统的拉伊奥斯业已成年。他返回忒拜城重新收回统治权，并娶了厄克翁的曾孙女伊奥卡斯忒（Jocasta），二人生下俄狄浦斯。

在这一连串的权力交接中，除夹杂一段由地生人家族摄政的情节外，王位的继承方式由传给外孙转变成父子相传。当然，所有继承者的前提是身上至少有卡德摩斯家族的血统。像吕克修斯和吕科斯这样完全的地生人血统者始终无法享有忒拜城的合法统治权，所以他们被宙斯的后代逐下王位。从系谱上看，在三代婚姻之后，俄狄浦斯身上还延续着卡德摩斯家族的光荣血统，这使他得以成为忒拜城未来的合法统治者。但拉伊奥斯听闻神谕说他的儿子将弑父并和母亲乱伦，为杜绝后患，他于是派牧羊人将襁褓中的儿子置于死地。而牧羊人只是在俄狄浦斯的脚后跟穿了一个洞。这与阿基琉斯的脚后跟是和父亲的联系形成对比，俄狄浦斯的脚被穿凿了一个孔，这代表他父亲拉伊奥斯所赋予他的伤害，也是俄狄浦斯与他父亲决裂的象征，而非列维－斯特劳斯所说的跛脚表示"人从大地中生长出来"的关系。[①]

尚在襁褓中的俄狄浦斯被拉伊奥斯下令杀死。所谓的杀死并不是真正的杀死，而是切断他通过亲属制度获得继承权的途径。俄狄浦斯被剔除了王子的位

---

① 列维－斯特劳斯在《结构人类学》中认为，俄狄浦斯家族的跛脚等表明笔直地行走和笔直地站立这两方面的困难。这同从土地而生的人的特点一样：当他们从土地深处出现的时候，不时地不会走路，就只能步履蹒跚地行走。所以这一栏的共同特点是坚持人是由土地而生的这一看法。见列维－斯特劳斯，1989。

格，也就失去了忒拜城王位的继承权。当政治制度已然确定俄狄浦斯为国王继承人，拉伊奥斯弃子的行为就触犯了两条原则：一是违反了亲属制度对父子关系的规定；二是违反了王位的传递规则。政治利用亲属结构来选择权力的传承者，一旦继承人被确定下来，便没有办法通过否定亲属制度否定掉他的位格，因为政治本身已成为一个相对独立的范畴。所以，一旦政治制度想重新确定自身地位，它便要彻底地超越亲属制度，于是导致人间弑父的发生。

所幸牧人刀下留情，弃婴俄狄浦斯被转送给科林斯国的牧人，后被科林斯国王作为继承子收养。他因自小被科林斯国王收养而成了忒拜城的陌生人。这不妨碍他出生时就决定了他必然是忒拜城王位的继承人。俄狄浦斯最终获取了忒拜城王位。这一过程中，首先，成年后的俄狄浦斯以外来者的身份来到忒拜城，在十字路口失手打死了乘马车出游的拉伊奥斯，也就是自己的父亲。他杀死父亲之举完全是无意的，他在无意之中造成忒拜城王位的空缺。

其次，俄狄浦斯凭借解开斯芬克斯（Sphinx）之谜而平定了斯芬克斯所带来的慌乱。斯芬克斯是由巨蛇厄克德纳（Echidna）和巨人提丰（Typhon）生下的狮身人面的女妖，她在忒拜城提出一个谜语：什么物种有两只脚、三只脚、四只脚？不过，斯芬克斯的出现不单是作为一条谜语的提出者，我们应当注意到她的身份首先是一个需要青年男子献祭的女妖。《众神飞飏》中的一处细节明确写道，"每年，她都要求城邦送来忒拜城里最好的，也就是最漂亮的年轻人，他们必须按吩咐来到她的面前。人们说，她想和那些青年人交欢"（韦尔南，2003：167）。斯芬克斯每年要求忒拜城进献青年男子，目的是与之交欢。这种不在婚姻制度范围内的和女妖的交欢，在东南亚的材料中亦有相似记载。在13世纪末周达观所著的《真腊风土记》中，"土人皆谓塔之中有九头蛇精，乃一国之土地主也，系女身。每夜见国王，则先与之同寝交媾，虽其妻不敢入。二鼓乃出，方可与妻妾同睡。若此精一夜不见，则番王死期至矣；若番王一夜不往，则必获灾祸"（周达观，2000：64）。当中明确指出九头蛇精是一国之土地主，握有一国土地之所有权。国王每天要先和她同寝，才能和其他妻妾同睡。可见，彼时的真腊（柬埔寨）王不是土地主，土地权与王权并不合一，他和女妖同睡，似乎是出于获取土地统治权的需要。赛代斯的《东南亚的印度化国家》指出，东南亚在印度化的过程中诞生了整整一批王国，柬埔寨即在内（赛代斯，2008：3）。真腊王国的建立曾受到印度文明的影响，它的神话也不例外。所以九头蛇精和斯芬克斯女妖可以放在一起比较，甚至于神话中体现出的土地和统治权的二分，可能是印欧人共有的主权观念。

至于斯芬克斯是否和土地有关，已有相关讨论。列维－斯特劳斯借鉴玛丽·德尔库尔在《俄狄浦斯或征服者的传说》中的论述"在古代传说中，[她]肯定是由大地自己所生"，认为她已经令人信服地确立了斯芬克斯在古代传说中的本质，即一个袭击和强奸青年男子的雌性怪物的本质（列维－斯特劳斯，1989：52）。①此外，"在文本材料中，赫西俄德《神谱》326行，提到凶残的女神厄客德娜与自己的儿子厄尔托斯结合，生下了芬克斯和涅墨亚的狮子。有学者认为，这个芬克斯就是后来的斯芬克斯，芬克斯之名则可能来自忒拜城附近的山名，这个名字暗示了怪兽芬克斯与忒拜城的关联"（刘淳，2014）。由上述几条线索推想，斯芬克斯在很大程度上类似于象征土地所有权的女妖，但与柬埔寨的九头蛇精不同，斯芬克斯的出现以年度为一个周期，而不是每夜出现，所以她在忒拜城中所代表的土地产权也许指向一种以年度为周期即一年中留有几天的集体产权。

回到神话情节，俄狄浦斯在杀死斯芬克斯后娶了忒拜城的王后也就是他母亲伊奥卡斯忒为妻。娶王后为妻获得王位的不止于此例，《众神飞飚》中有关奥德修斯的一章明确显示出国王死后娶王后是一种继承王位的合法形式：当奥德修斯在海上漂泊时，大家都误认为他已死去，于是一群贵族子弟每天向奥德修斯的妻子、伊塔卡的王后求婚以期获得王位。俄狄浦斯与之类似，他与王后缔结婚姻相当于上门继承忒拜城的王位。这亦是一种萨林斯在《陌生人—王，或者说，政治生活的基本形式》中所指出的"外部的男性和内部的女性并接"的模式（萨林斯，2009：119）。萨林斯就此阐释道："带着色情的象征主义，这种互惠的并接几乎无一例外伴随着移民王子与土著统治者一位女儿的联姻。在以婚姻的方式直接表达外来者与本地人民的生殖联合之外，通过使陌生人的世系继承王位实现的创

---

① 列维－斯特劳斯进而从德尔库尔所恢复的斯芬克斯这个形象，指出北美神话中的两个人物恰好相符。一个是"老巫婆"，她是令人厌恶的年老色衰的女巫，但是如果年轻男子对该女巫的求爱有反应的话，他就会在醒来时发现自己床上躺着一个美丽的年轻女子，这个女子将使他获得权力；另一个是霍皮印第安人神话中的"生小孩的女人"，即一个典型的崇拜阴茎的母亲。这个年轻女子在一次艰难的迁移过程中被她的群体抛弃，当时她即将分娩。从此以后，她就作为"动物之母"出没于沙漠地带，使猎人们无法捕捉到动物。当一个男人碰上她时，她正穿着沾满鲜血的衣服。他害怕得阴茎勃起，她就乘机强奸了他。从此以后，她便源源不断地用猎物来报答他。

制联合，也是一种篡位，因此，使整体的塑造成为冲突与契约的含糊混合。"（萨林斯，2009：118）

列维—斯特劳斯对这种联姻结构的识别更早，也剖析得更为清楚，他发现在波利尼西亚部分地区与非洲等地王权制度中，外来征服者与土著联姻，通过交换，娶妻者将拥有政治权威、土地主权，给妻者则拥有巫术或宗教力量（兰婕，2018）。整合这二者关系的是家屋（House）制度，家屋制度显示出土地权力系统的重要性，它使得继嗣规则围绕"家屋"这一实在的载体展开，不再限制于父系或母系的单系继嗣，即列维—斯特劳斯所说的，"'非单系统'中土地权力系统在社会构成、定义上的重要性并不亚于裔传规则"（Claude Lévi-Strauss，1969，106）。玛丽·德尔库尔（Marie Delcourt）在对俄狄浦斯的分析中指出，"弑父说明了年轻人对年长者的胜利。淫母则象征性地转达出对一片土地的拥有，对一个城邦的土地的主权"（韦尔南，2001a：318）。如果德尔库尔对淫母的分析是对的，那么寡妇伊奥卡斯忒实际上代表着城邦的土地所有权，俄狄浦斯与她的婚姻则是基于土地展开的。同时，列维—斯特劳斯的家屋理论也能够给予相应的解释和支持——俄狄浦斯的这段婚姻成为他统治忒拜城的合法来源，他以新加入家屋的男性身份，获得忒拜城的政治权力。

忒拜城在若干年之后突发灾异，秩序被打乱，人们一个接一个地死亡。灾异之源指向俄狄浦斯弑父娶母的行为。但俄狄浦斯弑父娶母的行为是无意的，所以他并非是不道德的。问题来自污染和不洁，俄狄浦斯弑父、与母亲乱伦的污染连累了整个城邦。更确切地说，俄狄浦斯造成的污染不是杀人，而是对家庭建制的破坏。他的弑父和娶母分别僭越了亲属体系对父子关系和母子关系的规定。但是俄狄浦斯弑父有其政治依据，他不是对父亲的无端否定，弑父的前提是他的父亲事先否定了他，所以他再回来否定其父亲，这只是在亲属制度上的否定；在政治制度上，俄狄浦斯天然是忒拜城的合法统治者，当政治制度相对独立于亲属制度时，他的继任不是没有理由的。俄狄浦斯娶王后的行为也具有无可厚非的政治正当性。问题在于他娶的王后恰是他的母亲，所以他们确实触犯了乱伦禁忌，促发了忒拜城自然秩序的紊乱。所以，俄狄浦斯始终处于亲属和政治不能兼得的困境中。甚至说当政治独立于亲属制度而亲属制度又成为政治的障碍时，他可以罔顾亲属制度，但他终究要为乱伦行为担责。

佩尔修斯的经历和俄狄浦斯有诸多相似性。首先，他们的降生都暗含了弑君的命运，以及经历了被抛弃而在他乡成长的过程。宙斯化作黄金雨，与凡间女子达娜厄（Danae）密会，孕育了佩尔修斯。佩尔修斯的政治范畴是人，所以他的出生没有给宙斯带来危机，但他威胁着他的外祖父阿克里西俄斯（Acrisius）。阿克里西俄斯是阿尔戈斯国王，曾得到一个外孙将杀死自己的神谕。他害怕该神谕成真，于是把女儿达娜厄和外孙佩尔修斯一起束在木箱里投入大海。母子二人随波漂流到塞里福斯岛上，被渔夫狄克提斯（Dictys）捡到并收养。

渔夫的兄长是国王波吕得克忒斯（Polydectes），他渴望娶达娜厄为妻却始终未能得逞，他于是为难佩尔修斯，要求他把戈尔贡（Gorgon）的头献给他。接受挑战的佩尔修斯经历了重重考验。他首先降伏格莱埃（Graeae），从而询问到善良仙女的住处，继而从仙女处获得了隐身帽、飞天鞋、神囊袋及赫尔墨斯给他的弯刀，加之雅典娜的指导，最终智取戈尔贡女妖之一美杜莎（Medusa）的首级。于是在此处，佩尔修斯和俄狄浦斯的故事同样出现了杀死女妖的情节。俄狄浦斯杀死斯芬克斯的意义在于推翻了土地共有产权，佩尔修斯杀死戈尔贡却有所不同。因为一方面，几乎找不到戈尔贡和土地之间的关联；另一方面，她和死亡有着更加明确而直接的联系——凡接触其目光的人都会石化。对于戈尔贡蛇头女妖的形象，弗洛伊德也曾做出解释，他认为蛇头是阴茎的象征，所以杀死美杜莎可以纳入弑父的范畴，但韦尔南曾专门对此进行过质疑和辨析，"我当然知道这个脑袋上盘着许多蛇。但是，蛇的象征价值——地狱的、冥府的——并不能简化为阴茎"（韦尔南，2001a：69）。蛇发女妖美杜莎象征地狱、冥府，但韦尔南尚未指出的是——杀死美杜莎象征着在成为王之前的死亡试炼。霍卡（A. M. Hocart）的 *Kinship* 一书中的第三章"神佑我王"（God Save The King）专门论述了王在登基前需通过武器或者礼节进行仪式性战斗，赢得一场魔法竞争的胜利。这在世界各地的王的加冕礼中都普遍存在（Hocart，1969：24）。[1]

佩尔修斯随后将戈尔贡呈给波吕得克忒斯，国王波吕得克忒斯接触到美杜莎的目光而变成了石头。佩尔修斯后来造访自己的出生地阿尔戈斯，在参加当地运动大会掷铁饼时，意外砸死了当地的国王也就是他的外祖父阿克里西俄斯。神谕成真。阿尔戈斯的人民热烈地拥戴佩尔修斯成为国王。但他觉得不妥，便请外祖父的孪生

---

[1] 以因陀罗为例，他是吠陀时代的王，他代表太阳，被击溃的魔鬼代表黑暗。太阳超越黑暗使大地丰饶，成为国家繁荣的基本条件。征服黑暗因此也成为作为太阳神的王的职责。

兄弟普罗托斯（Proitos）接任阿尔戈斯国的王位，自己则接管普罗托斯原本统治的提任斯国。

通观佩尔修斯的故事，他和俄狄浦斯的相似之处在于，他也是被原国王驱逐出境的王子，在成年后得以返乡并且无意杀了具有直系亲属关系的国王，最终获得该国的统治权。佩尔修斯的举动虽然不是严格意义上的弑父，但杀死外祖父，这种弑君行为和俄狄浦斯的弑父其实属于同一范畴——杀了作为王的直系亲属并取而代之。佩尔修斯的继任本身是合乎规范的，彭透斯继任卡德摩斯的王位的故事明显表明，外孙是王位的合法继承人之一。但佩尔修斯的弑"父"没有像俄狄浦斯那样为城邦带来灾荒，一方面是因为外祖父抛弃自己在先，他对外祖父的致命伤害又表现为无意之举；另一方面，他没有直接继承被杀者的王位，而是和他的舅公交换王位，从而对亲属和政治的矛盾有所回避。如果说杀死祖父是对亲属制度的违犯，那么无意地杀死是对亲属制度的象征性保留。

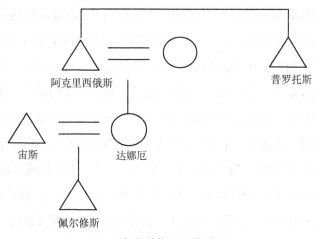

图3 佩尔修斯的家族谱系

五、小结

马林诺夫斯基的《两性社会学》是对弗洛伊德精神分析学派所提出的弑父娶母情结的人类学回应。弗洛伊德认为弑父娶母的发生是由于男子欲同父亲争夺母亲，这种本能的心理被压制，它属于无意识领域。而马林诺夫斯基则斥责这种论断忽视了文化的因素，他说道："忽略研究本能在文化之下所起的变化，就是创设玄怪的假说解释烝母复识（即弑父娶母情结）的原因。我的目的乃在证明文化的萌芽就已包含本能的抑窒；烝母复识或任何其他'复识'所有的要件，都是文化逐渐形成的过程必然发生的副产物。"（马林诺夫斯基，2003：180）由此，马氏也反驳了弗洛伊德把乱伦的禁忌作为一切文化的基础和起源，因为在他看来，娶母的禁忌不可能先于文化而存在，相反，烝母复识是文化的产物，被文化塑造，同时既定的文化模式又反过来对人的行为形成制约，造成某种心理情绪的压抑。继而，马氏把父子关系置于家庭这一发生机制的"文化摇篮"中去重新理解弑父行为。通过对父权制和母权制家庭的考察，他判断，"我主张烝母复识只用在雅利安人那样的父权社会"（马林诺夫斯基，2003：169）。因为在父权社会的大多数情形之下，父亲担负家庭内最高的权威，代表着迫力道德和限制人的社会力量。相反，马氏在母权社会看不到弑父的危险，因为母权社会中舅舅分担了父亲的质素（马林诺夫斯基，2003：249）。所以，在马氏看来，俄狄浦斯情结实际发生在父权文化中。

如上，马林诺夫斯基认为弑父取向与家庭的特征和父亲的职能有关，而这总体上是被文化的模式塑造的后果。而本文通过回到对神话文本的具体分析，发现弑父和政治密切相关。在希腊神话的三种弑父类型中，神界里的弑父关乎两种王权类型的生成和演进。神界的弑父都伴随着有意的、狡诈的诡计，在弑父后出现兄弟会的组织形态，并确立了两种基本类型的王权。克罗诺斯和宙斯的两次弑父都起于政治激情，表现为儿子对父亲的否定。克罗诺斯对父亲乌拉诺斯的阉割是对亲属关系的首次突破，他开创的统治形式对应着巫术王权的政治类型，而宙斯对克罗诺斯的推翻，则是将巫术王权转变为司法王权，由他最终完成整个代表正义的司法秩序的建立。由于司法王权被客观化，所有弑父的行为已然完成使命，天上的弑父危机从而解除。之后阿基琉斯弑父的神谕之所以未兑现，亦和政治范畴的生成有关：半人半神的他通过母亲的洗礼以及师从马人基隆（作为骑士典范）而生成了希腊的军事贵族范畴。至于人间的弑父，既不表明王权性质的变化，也不代表新的政治范畴的生成。从俄狄浦斯弑父到佩尔修斯砸死外祖父，他们的弑父似乎在于勾勒出具有王族血统的"外乡人"回国继承王位时所遇到的困境及解决的方式。对于人而言，弑父总是以无意之举呈现，以示对亲属制度的无意冒犯，从而回避破坏亲属制度可能造成的污染。无论是神还是人，无论是有意还是无意，弑父都在政治制度超越亲属制度的结构中呈现出来。

参考文献

邓迪斯，阿兰，2006，《西方神话学读本》，朝戈金译，桂林：广西师范大学出版社。

弗雷泽，2013，《金枝》，汪培基、徐育新、张泽石等译，北京：商务印书馆。

兰婕，2018，《并系继嗣与婚姻联盟：列维-斯特劳斯的家屋研究及其政治学思想》，《西北民族研究》第3期。

列维-斯特劳斯，1989，《结构人类学——巫术·宗教·艺术·神话》，陆晓禾、黄锡光译，北京：文化艺术出版社。

刘淳，2014，《斯芬克斯和俄狄浦斯王的"智慧"》，《外国文学》第1期。

马林诺夫斯基，2003，《两性社会学：母系社会与父系社会之比较》，李安宅译，上海：上海人民出版社。

萨林斯，马歇尔，2009，《陌生人—王，或者说，政治生活的基本形式》，刘琪译，《中国人类学评论》第9辑，北京：世界图书出版公司。

赛代斯，2008，《东南亚的印度化国家》，蔡华、杨保筠译，北京：商务印书馆。

韦伯，马克斯，2005，《非正当性的支配——城市的类型学》，康乐、简惠美译，广西：广西师范大学出版社。

韦尔南，让-皮埃尔，2001a，《神话与政治之间》，余中先译，北京：生活·读书·新知三联书店。

韦尔南，让-皮埃尔，2001b，《古希腊的神话与宗教》，杜小真译，北京：生活·读书·新知三联书店。

韦尔南，让-皮埃尔，2003，《众神飞飏》，曹胜超译，北京：中信出版社。

韦尔南（维尔南），让-皮埃尔，2007，《希腊人的神话和思想——历史心理分析研究》，黄艳红译，北京：中国人民大学出版社。

张亚辉，2014，《亲属制度、神山与王权：吐蕃赞普神话的人类学分析》，《民族研究》第4期。

赵珽健，2020，《等级辩证法与国家理论——杜梅齐尔的政治人类学思想研究》，《社会学研究》第5期。

周达观，2000，《真腊风土记校注·西游录异·域志》，夏鼐校注，北京：中华书局。

Dumézil, Georges, 1988, *Mitra-Varuna: An Essay on two Indo-European Representation of*

Sovereignty. New York：Zone Books.

Hocart，M.，1969，*Kingship*. Oxford：Oxford University Press.

Lévi-Strauss，Claude，1969，*The Elementary Structures of Kinship*，Boston：Beacon Press.

From Cronos to Oedipus：Political Types of Patricide Plot in Greek Myths

Ling Xinxia

Abstract：Taking Jean-Pierre Vernant's *L'univers*, *Les Dieux*, *Les Hommes* as the main mythological text, this paper divides the patricide plot into three types：God's patricide, demigod's patricide and man's patricide. Then the article further differentiates these three types of patricide, trying to understand the multiple connotations of patricide plot：Cronos and Zeus both intentionally committed patricide in the realm of the gods, establishing the Magical Sovereignty and Juridical Sovereignty respectively; The demigod Achilles did not kill his father because Achilles, after being baptized by his mother and trained by Chiron, created a category of military aristocrats independent of the royal power. Patricide among Oedipus, Perseus is always an unintentional act, which involves the complicated relationship between politics and relatives under the principle of succession to the throne. Malinowski in Sex and Repression in Savage Society proposed that it was culture that led to the patricide complex, while this article found that patricide shows the political system transcends the kinship system, which is more like a political result.

Key Words：Greek Mythology; Patricide; Jean-Pierre Vernant; Sovereignty

书　评

评《大地存在：安第斯世界的生态学实践》

玉书涵

　　《大地存在——安第斯山区的生态学实践》是秘鲁裔美国人类学家、加州大学戴维斯分校人类学系教授莫里斯·德·拉·卡德娜（Marisol De La Cadena）于2011年出版的一本民族志著作。该书收录了卡德娜教授2011年在美国罗彻斯特大学摩尔根纪念讲座上的演讲论文，其田野材料来自2000年至2007年卡德娜教授在秘鲁南部库斯科安第斯山区的调查。在该书中，卡德娜以故事为单元，展现了她和库斯科安第斯山区一个印加人"萨满"家庭之间的互动交往。这些故事主要以家庭中Mariano Turpo和Nazario Turpo父子的生命历程为线索，描述了两父子从1950年代以来卷入秘鲁土地抗争和改革运动、地方文化旅游发展等事件的经历。作为人类学家眼中的"萨满"，这对父子能够沟通人和大地存在者（Earth-Being），使之进行对话交流，而从这些沟通大地存在和人的事件经历中，卡德娜发现了作为一种本体的大地存在者如何能够参与地方政治的历程，从而对现代性的历史主义观念做出了修正。她也在两父子的经历中，祛除了人类中心主义带给社会科学家的过分关注人类自身、忽略其他本体存在的误区。如此，本书探讨了一个多元本体并存的安第斯世界如何互动、沟通的过程与方式，而多元本体之间的互动呈现的一个安第斯地方"世界"的"多元世界"性，正是本书对既往人类学的一种反思。下面，我们想从多元世界、地方"亲属关系"、本体论政治、历史主义及其反思、新自由主义和文化复兴等几个层面对本书的主旨内容做些介绍。

"不是只有"（not only）：包含多个世界的世界

　　Turpo家族在秘鲁南部的库斯科山区是一个可以被称上"萨满"世家的家庭，

而家庭中的 Mariano 和 Nazario 父子则是卡德娜主要调查交往的对象。和很多在少数民族地区从事人类学研究的中国人类学家一样，虽然卡德娜和库斯科当地的印加人在同一个国家中生活，然而，他们之间却有不同的语言、不同的生活习惯。这种相同国家框架内的文化相异，在卡德娜的研究中构成了"文化翻译"的难题。而在当地人的世界中，作为外来者的卡德娜和本地人之间，更存在着身份上的差异。

当2000年卡德娜在家人的介绍下进入这一地区时，文化翻译的难题首先凸显。20世纪下半叶的拉美世界风起云涌，政治运动迭出，来自秘鲁首都利马的卡德娜和居住于南部的 Mariano 分享了他们共同经历的秘鲁现代历史和相似的生活经历，然而，这种经历的分享却不能掩盖他们之间的不同，在本地人和外来者之间，语言上的差异构成了他们之间的屏障。虽然两人可以通过共同使用的西班牙语进行沟通，但是当话题转向当地话语时，一些外来的概念却无法用当地的语言进行表达。卡德娜和 Mariano 都注意到了彼此沟通上的局限性（limitations），然而，令卡德娜印象深刻的是，这种不同并没有使 Mariano 感到困惑与不安，在他看来，这不过展现了彼此之间的不同——双方毕竟来自不同的世界，这些世界是不可化约的。不过，这种不同并不代表着两人不能相互沟通、认识彼此。在交流中，他们可以分享共同的经历，有相同的观念，在交流的情景中，来自不同世界的人类学家和地方"萨满"实现了"混融"——不同的世界实现了交融。从"文化翻译"的局限性和可行性中，卡德娜认知到了安第斯山区印加人世界中的一种"多元世界"性。这种多元世界意味着，印加人承认在当地人、西班牙人以及其他外来人之间存在着不同，他们各自属于不同的世界。然而，这些多重的世界却能通过在当地发生的彼此交流实现沟通、混融，在作为地方世界的安第斯世界中，实现了一种包含多元世界的世界观。由此，作为整体世界的安第斯世界是"多元一体"的，借此，卡德娜联想到了不同的人群组成一个现代国家的可能性。

不过，在 Mariano 等人看来，这种混融的多元世界并非是平等而没有秩序的。作为人和"大地存在"之间的"沟通者"的 Mariano 自认比其他人高一等，但却因为不会用西班牙文进行书写而自感比上过学的人等级较低。由此，卡德娜认为，在当地存在着一种基于文字书写的等级观念，能够进行文字书写的人是受到尊重的。而她自己的这本民族志也参与到了这种书写的等级秩序中，成了受"尊重"的产物。不同于来自民族志作者的"书写权力"，能够书写，在印加人的世界中已经构成了一种权力观，本来应该经受检验的民族志在这里却成了一种具有免疫性的事物。

阿卢（the Ayllus）：包含多种存在的地方关系

卡德娜关注多元世界之间的互动，但首先要分析当地人世界的内容，由此，她在当地人的世界中发现了一种非人类中心的多元本体论。

在以往的人类学家眼中，Mariano 和 Nazario 是可以沟通当地人和他们信仰的山川大地神灵的灵媒"萨满"，但是，在卡德娜和父子两人的交往中，她逐渐认识到，将他们作为"萨满"抽离地方世界，而作为西方人类学家调查的对象，可能脱离了父子两人在印加人世界中的真正意义。

首先，卡德娜反思的概念是"大地存在"（Earth-being）。在安第斯印加人的世界中，大地存在者并非如一般人类学家所言，是当地人信仰的神灵，而是确实且一直"在"的"存在"（being）。在旁人的观念中，山川、大地代表着当地人膜拜、信奉的神灵对象，而在当地人的世界中，这些分开的称呼不过是大地存在不同的呈现，虽然词语所指并不相同，但其能指之物皆是"大地存在"，在这里，大地存在就是"一"。大地存在就是实在本身，它可以通过自身的实践而呈现自身。从而，大地存在构成了当地世界中的一种主体。不唯如此，在当地人看来，他们饲养的牲畜，植物以及其他河流小溪，都构成了种种"存在"。在此，卡德娜借用维维诺斯·卡斯特罗的视角主义（perspectivism），提出了多元"自然"的认识论，安第斯山区的印加人，其"自然"不是人类眼中的被动接受者，而是一个个能动实践的主体。

那么，在当地人那里，这些不同的存在（being）之间构成了怎样的关系呢？在当地印加人看来，他们和自己的牲畜、植物、大地存在等主体共同存在于一个被称为"ayllu"的关系群体中，所谓的阿卢类似于人类学家研究的亲属关系，"in—ayllu"则代表他们相互之间构成了这种关系，印加人常用他们世代以羊驼毛织成的织锦比喻"阿卢"和在其中的不同本体之间的关系，"阿卢"如同织锦一般，而人与其他存在都是织锦上的纹路。在此，我能够看到卡德娜较之卡斯特罗的视角主义更进一步的探讨。卡斯特罗虽然突破了人类中心主义视角带来的社会、民族等种种概念，却也未从多元自然的视角主义出发，发现人和自然存在之间可能构成的联系。在卡德娜处，她回到了一种人类学最基本的亲属关系探讨，发现在安第斯印加人处存在着将多元本体包含在一起的"我群"概念——"阿卢"，从而对社会、共同体的叙述构成了挑战。与卡德娜发表此研究大概同时，萨林斯在《亲属关系是什么，不是什么》一书中，通过广泛的民族志材料，提出了对亲属关系"存在的相互性"之新理解，认为人类的亲属关系群体，广泛包含着人与非人存在同在其内的"文化想象"，并在亲属各存在之间构成了一种不分彼此的相互关系。如果比照二者的研究，我们似能发现从亲属关系的视角反思人类"自我"认识的共同之处。

通过"ayllu"，印加人确立了我者观，而将阿卢之外的实在称为"orphan"。而在人和其他实在之间，印加人也通过rukaruna一词以界定区别，通过这一单词，印加人确立了人作为本体的地位。然而，在左派政治家引领的秘鲁土地改革斗争中，"rukaruna"却成了阶级斗争中"农民"的印加语翻译。

本体论政治：大地存在如何参与地方政治

卡德娜的研究以Mariano一生的经历展开，而Mariano并非简单地是一个沟通人和大地存在者的"萨满"，更是一个引领地方土地改革斗争的领导者。由此，卡德娜发现了大地存在者参与地方政治的本体论政治历程。

由于受地方封建庄园制度的控制，在过去，秘鲁南部库斯科山区的土地和人口、牲畜均被把持在土地庄园主手上。面对这种不公，印加人开始了反抗。Mariano因为能够沟通人和其他存在而被推选为属于自己的"allyu"代表，从而领导了印加人对庄园主的抗争。自1950年代开始，Mariano因为地方反抗者的身份，受到庄园主的镇压和搜捕，由此，他开始了在城市和乡村之间的游走亡命生涯。这种亡命的生活，导致了妻子的不解和怨恨，也使他的孩子不能过上正常的生活。而也是在这样的政治抗争历程中，大地存在者被卷入其中。

大地存在者和沟通者之间可以通过有限的"沟通方式"得以联系。而此种沟通方式主要分为两种。第一种被当地人称为"kintus"，通过当地盛产的可可树叶，将三片树叶相叠放在右手上，经沟通者向之吹一口气得以实现，Mariano认为，通过这种方式，大地存在者 Being 得以呈现出来。另外一种则被称为 "despacho"，意指将带给大地存在的物品通过火烧的方式送过去，在这个仪式中，沟通者获得了大地存在的信息，感知其力量。这在西方人类学家的概念中成了对"神灵"的献祭。在 Mariano 的斗争和逃亡生涯中，他曾躲避在城市各处，做过帮工零工，也曾进入山间的洞穴以躲避庄园主的搜捕。在他看来，正是通过 despacho 仪式，他获得了大地存在的帮助，因此才躲过了追捕。所谓的和庄园主之间的斗争，将大地存在也卷入其中。这里的大地存在既可以是和沟通者同属一个"阿卢"的成员，也可以是外地的存在者。大地存在者可以选择帮助人，也可以选择不帮助。在 Mariano 的讲述中，他和庄园主之间就谁能获得大地存在的帮助构成了一种竞争关系，这种关系是通过上述 "despacho" 的 "献祭" 仪式得以展开的。用 Mariano 的话讲，大地存在者如同一个评判者，然而这个评判者是可以 "贿赂" 的，谁给它的礼物多，烧的东西丰富，它的帮助和评判就会倾向于谁。正是在这一方面，Mariano 和庄园主共同向大地存在者送礼，由此构成了双方斗争的一个步骤。在 Mariano 的故事里，他是其所属阿卢的代表者，却承担着和大地存在进行沟通、获取帮助的义务，为了送礼，他倾尽家产，这成了妻子对其怨恨的一个原因。在竞争关系中，大地存在成为一个可以被人贿赂的主体，却也和耶稣基督产生了区别，Mariano 告诉卡德娜，耶稣基督是绝对公正的，不接受别人的礼金和贿赂，在这种对比中，大地存在似乎更具备和人类相似的秉性。

然而，Mariano 参与土地改革抗争的领导人物身份却不被以往的左派政治家和学者接受。这一点成了卡德娜运用其田野研究对既往的拉美左派政治运动研究的一个反思对象。包含秘鲁在内的拉美世界自 1960 年代，卷入到由左翼革命家策动的革命运动之中，而在此，发动农民进行土地变革斗争成为其革命重要的组成部分。但在左派人士看来，土地革命的意义在于组织农民反抗占有土地的地主、庄园主，由此革命斗争成了人和人之间的阶级斗争。并且，在接受了革命思想洗礼的左翼革命家看来，Mariano 等地方土地抗争的领导者因为没有接受马克思主义的影响，因而不能称为政治家。但在卡德娜的调查中，我们已经看到 Mariano 作为地方领袖，早已参与到和庄园主的日常政治斗争之中。

在此，左派政治家和 Mariano 这些地方印加人之间存在明显的斗争观念的区别。在左派政治家的认识观念中，土地改革斗争是农民和地主之间的斗争，其斗争目的在于对土地的寻求。而在 Mariano 的世界中，他是整个"阿卢"的代表，他对地主的反抗是为了同属的阿卢之中的牲畜、植物、大地存在等多重本体。地方农民对于地主虐待的控诉在于保护和他们构成相互照顾关系的多种主体，这和单纯地追求保护弱势群体的自由国家理想显然不同。现代政治将土地权力的变动作为抗争的内核，而印加人则是为了和他们相互并存、交融相连的各种存在。

拉美世界的土地斗争是后殖民时代遗留的产物，在卡德娜的反思中，她亦将作为多元本体互动的地方本体论政治推向一种和殖民理论对话的情境中。建立在现代政治话语和反抗殖民话语基础上的政治认识和地方政治家的斗争历程形成了认识论上的对立。在这里，卡德娜借用拉图尔的"现代性建构"（modern construction）概念以反思现代欧洲所创造的政治概念。卡德娜认为，殖民性权力的概念是建立在人与自然二分基础上的欧洲现代性概念在新大陆的一种延伸。在人与自然的二分之下，政治问题变成了人类的内部问题，对人类内向的关注，造成了对人类不平等境遇的发现和区分，后殖民思潮出于对不平等的权力关系的谴责，而设计出种种殖民政治概念。然而，在印加人处，上述种种概念却是经不起地方政治检讨的，多元的自然亦是政治参与的主体，而并非被动的资源和对象。以此，卡德娜提出了对"什么是政治"的重新思考。作为源于西方的历史性概念，政治在一定程度上"翻译"了安第斯山区的经验，使之成了关于人类相互关系的概念。如卡德娜所说，通过政治性概念，西方人历史性地塑造了以人类为中心的"自我"观，并且在认知"他者"的过程中，忽视、减去了那些原本属于"他者"的多种本体可能性。所谓的差异和不同在此完全变成了一个人与人之间的"文化"问题，在确立"自我"的同时，他们已经确立了一个相应于自我的他者，而这种理解，却也失去了对大地存在等更为丰富"他者"的探讨可能。

对历史主义的反思

除了进行访谈，卡德娜对 Mariano 的了解也来自档案的记述。Mariano 的早年的斗争故事被记录在由庄园主记录的档案材料之中，而这份材料在土地改革完成之后依然被保存在 Mariano 的故乡，由此，卡德娜才得以进入一个地方"历史"的世界，也从这种地方"历史"中，发现了非历史（ahistory）的内涵。

印加人本来没有"历史"的概念，针对正在发生的事件，他们存在类似西方的"过去"和"将要"的概念。"nawi"通常指在之前或眼前发生的事物，这类似于西方人的"过去"概念，而"qhipaq"则是指在之后以及后面要发生的，类似于西方的未来概念。同时，"阿卢"并非只包含"活着的"人和其他存在，祖先也包含在内，所谓的生死，不过是"存在"转变自身呈现的一个方式。从而，在上述的政治历程中，这些在现代观念看来早已亡去的祖先也参与到了和庄园主的斗争中。他们的抗争并非单纯为了一代人的自由，而是基于数代人和土地以及其他本体的相互依存关系，为自己而斗争，为阿卢而斗争，也是在为祖先而斗争。由此，在多重本体互动的情景中，诸本体的共存构成了对西方历史观念的反思。本体论转向研究成了对历史书写的对反。

由此，卡德娜进入了对西方历史主义观念的反思，自黑格尔开始，西方的历史书写确立了一种以现代民族国家为历史宿命的"世界历史"观。在人类学处，原始落后的原始人、被研究者由此成了没有历史的主体。埃里克·沃尔夫希望通过16世纪之后的全球化历史，在全球化的政治经济学框架中发现"当地人"的历史；而引领后殖民主义研究的泰来·阿萨德（Talal Asad）认为，当地人有自己的"历史"，有自己基于自身的、并非侵略历史的逻辑。自1970年代之后，更多的人类学家投入到对地方性历史知识的关注之中。拉吉纳特·古哈（Ranajit Guha）通过庶民研究重新提出了对印度社会档案材料的解读方法。而马歇尔·萨林斯则从南太平洋土著岛民的记录中总结出"历史结构主义"的历史并接结构理论。在M. 特鲁约（Trouillot, Michel-Rolphe）的研究中，他用文化权力的理论反思在历史书写中存在的"消声"问题——权力可能抹去过去多元的声音。查卡拉巴提（Dipesh Chakrabarty）则接续印度自1950年代以来的庶民研究成果，提出了应该关注少数人、边缘人历史的旨趣。上述基于被殖民一方的地方历史研究，成为卡德娜对话的学术基础，却也是她批评的起点。在她看来，上述研究虽然均带有关注地方性历史进程，对西方人主导的历史进行反思的视角，然而，这种新的历史书写仍停留在对基于"历史主义"的西方历史概念的运用中，历史主义的书写，导致了上述研究对地方性问题的探讨中对多重实体存在的忽略。

而在安第斯山区的印加人处，卡德娜发现的正是一种基于多重本体互动的地方性"历史"历程，在印加人处，"历史"被消解为"nawi"和"qhipaq"——"过去"和"未来"的叙述。因而在档案所记录的政治斗争事件中,"过去"和"未来"的多重本体是同时在场的,用卡德娜的话说,"他们(当地人)没有给历史留下空间,因为他们都是非历史的实在"——参与事件的每个实体不过是在事件中的显现。由此,"非历史"的过程叙述进入了人类学的研究视角。上述发现同样构成了对拉图尔"行动者网络理论"的反思。在卡德娜看来,拉图尔的行动者网络理论虽然突破了主客体二元对立的模式,将人和"自然"科学的对象恢复为多元主体的互动模式,却仍然为多重主体之间的关系历程设置了相互关系的时间序列和历史过程,在这里,时间的变化仍是主要的问题。而从印加人的例子中,我们能够得知,所有的实在都是永存而变化的,在事件性的情境中,他们并不具有时间上的序列关系,而更多是基于同时性的互动。

全球化视野:新自由主义和地方"文化"

在安第斯的地方世界中,多种存在相互交融,彼此共生,但是世界的瞬息万变仍然在影响着安第斯山区印加人的生活。全球化的浪潮裹挟着当地人卷入其中。当1980年代之后土地改革完成,拉美左翼政治热潮退去,发展与经济成为秘鲁国家生活的主题,被视为地方文化代表的印加人成为"文化旅游"开发的对象。在此过程中,Mariano逐渐老去,他的儿子Nazario成为新一代的人和大地存在之间的"yachaq runa"——沟通者。他也被卷入到地方旅游事业发展的进程中,成了被建构为"萨满"的一个生命。在本书的开始,卡德娜以略带忧伤的语言追溯了她和两代父子及其家族的友情。略带忧伤,是因为她民族志研究的合作者——Mariano和Nazario父子在本书发表时均已去世。2007年Mariano享高寿而终,而Nazario则在2009年死于从村庄到库斯科的公路上,一场发生在颠簸、落后的道路上的车祸夺去了他的生命。引入这个故事后,卡德娜开始反思经济发展和当地人生活之间的关系,也进入到对Nazario的人生思索中。

Nazario因父亲早年参与地方政治斗争没少受苦头。在父亲东躲西藏的日子里,他没有机会接受正规的教育,整日需要防备庄园主的搜查和打击,他身边的兄弟姐妹接连夭折,在家中,只有他和母亲相依为命。在Nazario的讲述中,早年的苦难经历成了他对父亲埋怨的来源,但他自己也承认这是他们作为沟通者的责任。自1980年代之后，随着地方经济发展和旅游业的开发，他成了向来自各地的游客展示地方"宗教仪式"的萨满，同时负责着往来于库斯科和马丘比丘之间的旅游向导事务。正如他自己从掌握沟通秘密的人到被建构为西方人类学谱系中的"萨满"一般，他的生活也被卷入了资本经济的浪潮。而在这种对新生活的参与中，Nazario也在行使自己的职责，进行着人和大地存在者之间的沟通。

1980年代上台的几任秘鲁总统出于国家主义的角度，邀请来自地方的"萨满"出席自己的就职仪式。在就职仪式上，"萨满"们通过despacho仪式，实现着自身和大地存在者之间的沟通。正是这些仪式的进行，使得大地存在参与到了秘鲁的国家政治和经济之中。上述萨满参与的就职仪式，也使得国家力量和其引领的资本经济建设被"合法化"，成为当地人生活的一部分。Nazario就参与到了上述的就职仪式过程中，并成为地方本土文化的优秀代表，有了和总统合影的机会。也正是在这种对本土文化的强调中，Nazario由秘鲁走向了世界，在和本土以及外国学者、摄影家的接触中，在参与国家政治、经济生活的历程中，他逐渐被外界了解，而拥有了去华盛顿展现自身文化的机会，也是在这样的历程中，父子两代人的生命历程被以西方文字和图片的方式展现给世人。

除了作为向外地游客展现沟通人和大地存在的"萨满"，Nazario也通过自己的力量，让大地存在参与到经济生活中。当安第斯山区面临新一轮的资本投资和矿业开发时，地方的"萨满"也通过和大地存在之间的沟通，阻止了资本对地方"自然"的破坏。在这里，"自然"、大地不再是裹挟在资本市场中有待开发的资源，而是具有生命心力的主体参与者，通过沟通者，它们也在发声参与。

透过Nazario的人生经历，卡德娜首先反思了西方人类学研究中的"萨满"是如何通过一套知识话语代替了印加人地方的实现了人和大地存在之间的沟通的"yachaq runa"的，而通过这套西方知识话语的转换，这些地方的沟通者也以"萨满"的身份被外来者认知，从而成了可以展示本土宗教信仰仪式的巫师。经过这个过程，Nazario成了当地文化旅游项目的工作者。不过，历史总是吊诡的，当Nazario成为旅游业的从业者时，他的合作者竟也包含了那些庄园主的后代。在国家经济发展的话语中，协作发展才是主导，彼时的仇人在此时成了合作的同伴。Nazario的生活似乎成了对其父辈经历的一种反动。

不过，成也如此，亡亦如是。通过 Nazario 的人生经历，卡德娜更关注一种宏大的思索。Nazario 逝于车祸的悲剧结局让她思考是什么让她的朋友如此告别。在这里，卡德娜回归了对全球政治经济的关注。伴随 1980 年代左翼革命思潮在全球范围内的衰退，新自由主义在全球范围内逐步兴起。卡德娜以为，上述秘鲁地方"文化"的开展和文化旅游的兴起是新自由主义经济在全球范围内铺展的一个个案。首先，卡德娜回顾了过去百年自由主义的发展历程。她认为，如果将 19 世纪和 20 世纪西方自由主义的"文明化运动"总结为文化同化、通过教育实现教化以及建构国家公民，则 21 世纪的新自由主义运动虽然仍坚持传播现代文明的使命，却不再以文化同化为自己的目标，公民教育不再是时代的任务。文明的扩张在现代表现为对私有财产的承认和资本市场的扩张。在这样的对资本财产和个人自由的强调的语境中，地方文化不再是"文明化"的一个障碍。和经济发展、市场扩张相连，多元族群文化成为地方经济发展和资本进入的资源。由此，作为本体论政治的生态政治学的复兴实际上成了政治经济结构的变动和运作的产物，亦成为全球化经济的一种资产。在此，卡德娜深刻地指出，和之前的旧"自由主义者"不同，新自由主义已经放弃了进化论的伪装，而通过对地方文化的尊重以及多元文化的强调，为自身的资本扩张披上了另外一层面纱。

这是历史过程造成的现实，也在影响着安第斯山区印加人的生活。如卡德娜在当地观察到的，资本的进入、旅游业的发展并没有改变当地落后、贫穷的面貌，旅游收入没有用到改善当地人生活的建设事项中。正是在年久失修、残破颠簸的公路上，卡德娜的朋友 Nazario 结束了自己的人生旅程。在此，我们似乎又发现了另外一个吊诡，通过新自由主义和多元族群文化，Nazario 成了当地的名人，改变了自己的平凡人生，却也因此在改变生活的事业中，失去了自己的生命。

一点反思

本书带给我们的震撼不仅在于通过特殊的生命历程，将本体论的认识问题转变为一个个事件的鲜活过程，更在于让身处和卡德娜类似的国家中的人类学工作者产生了无限联想。

本书充满着关系主义的关怀，书中作为本体的"大地存在"的展现是在一个个和人类交换沟通的关系中得以实现的，而卡德娜强调的不同世界的"交融"，也是在不同主体间的互动关系中确立的。和卡德娜一样，身在中国的人类学者虽在自己的国家研究"他者"，却往往要处理和自身文化背景不同的研究问题，如何在一个国家内识别不同文化群体之间的关系，成为中国学者经常要处理的一个问题。和西方基于"民族国家"的分隔视角不同，和秘鲁的情况类似，中国学者要面对如何在多民族国家中寻找"合力"的问题。卡德娜"一个多元世界的世界"提法，却让我们联想起"多元一体"的格局。在遥远的拉美世界，或许真存在着中国文明的"亲戚"。

其次，我们不能不提，本书是在维维诺斯·卡斯特罗的"视角主义"、拉图尔对现代性构建的反思等理论基础上的一个具体应用，可以成为人类学"本体论"转向以来的一项力作。在突破西方"人与自然"的二元对立之后，卡德娜更关注安第斯世界人和其他存在之间的关系本质，从关系视角探讨了安第斯世界可能存在的"亲属关系"群体观。在我们看来，这是向最为人类学的基本问题回归的"新得"。同时，在试图借助"存在"概念思考万物时，卡德娜与后殖民主义对地方历史的发现的"历史主义"视角形成了对话，批驳了西方"历史主义"的话语地位，在地方发现了"非历史"（ahistory）的多重本体的同时性过程叙述。这留给我们的问题是，上述对历史主义的反思，是否能引领我们进入对和"历史"相对的"神话主义"的重新思考，带给我们对神话人类学研究的新眼光？

最后，我们仍对本书持一点保留态度。在卡德娜的叙述中，她过分强调了地方本体论政治中的"权力关系"和抗争过程，无疑她想借用地方的视角回顾新自由主义经济和资本扩张带给拉美的不公和苦难。在此意义上，卡德娜虽然不赞成左翼学者和政治家的政治经济学视角，其态度却也和左翼的使命感不能分别。我们甚至可以说，卡德娜是一个"晦暗的人类学家"。然而，这种抗争和权力的关系在我们看来却也忽视了本体论关系可能存在的另一个面向：在人和大地存在的沟通历程中，在人与多元本体的互动交往中，他们是否还存在不同于竞争、交换的"道德关系"。在本书中，卡德娜虽然强调了人和"阿卢"内多元主体间的相互照顾关系，但显然，在对他们的情感、价值观念分析上，仅仅指出此点是不够的。在人和"自然"存在之间的关系是否还具有其他面向，这和他们的情感、价值是否有关，似乎值得我们深思。

参考文献

奥特娜，雪莉·B.（Sherry B. Ortner），2019，《晦暗的人类学及其他者：二十世纪八十年代以来的理论》，王正宇译，《西南民族大学学报》第4期。

De La Cadena，Marisol，2011，*Earth Beings: Ecologies of Practice across Andean Worlds*，Durham：Duke University Press.

Sahlins，Marshall，2013，*What Kinship Is–And Is Not*，Chicago：University Of Chicago Press.

图书在版编目（CIP）数据

人类学研究.第十四卷 / 梁永佳主编.—杭州：
浙江大学出版社，2021.8
ISBN 978-7-308-21400-1

Ⅰ.①人…　Ⅱ.①梁…　Ⅲ.①人类学—研究　Ⅳ.
①Q98

中国版本图书馆CIP数据核字（2021）第096542号

人类学研究（第十四卷）

梁永佳　主编

责任编辑	伏健强	
责任校对	黄梦瑶	
出版发行	浙江大学出版社	
	（杭州天目山路148号　邮政编码310007）	
	（网址：http://www.zjupress.com）	
排　　版	北京辰轩文化传媒有限公司	
印　　刷	浙江新华数码印务有限公司	
开　　本	710mm×1000mm　1/16	
印　　张	10	
字　　数	162千	
版 印 次	2021年8月第1版　2021年8月第1次印刷	
书　　号	ISBN 978-7-308-21400-1	
定　　价	50.00元	

《人类学研究》稿约

　　《人类学研究》是浙江大学社会学系人类学研究所主办的人类学专业学术出版物，由浙江大学出版社出版，每年两卷。主要栏目有"论文""专题研究""研究述评""书评""珍文重刊""田野随笔"等，我们热诚欢迎国内外学者投稿。

　　1. 接受人类学四大分支学科（社会与文化、语言、考古、体质）的学术论文、田野调查报告和研究述评等，不接受国内外已公开发表的文章（含电子网络版）。论文字数在10000—40000字。

　　2. 稿件一般使用中文，稿件请注明文章标题（中英文）、作者姓名、单位、联系方式、摘要（200字左右）、关键词（3—5个）。

　　3. 投寄的文章文责一律自负，凡采用他人成说务必加注说明。注释参照《社会学研究》格式，英文参照APA格式。

《人类学研究》编辑部